猪主要细菌病防控宝典

陈　斌　周明忠　主编

中国农业出版社

北京

图书在版编目（CIP）数据

猪主要细菌病防控宝典／陈斌，周明忠主编．—北京：中国农业出版社，2019.5
ISBN 978-7-109-25414-5

Ⅰ.①猪… Ⅱ.①陈… ②周… Ⅲ.①猪病－细菌病－防治 Ⅳ.①S858.28

中国版本图书馆 CIP 数据核字（2019）第 069525 号

中国农业出版社出版

（北京市朝阳区麦子店街 18 号楼）

（邮政编码 100125）

责任编辑 黄向阳 刘宗慧

中农印务有限公司印刷 新华书店北京发行所发行
2019 年 5 月第 1 版 2019 年 5 月北京第 1 次印刷

开本：880mm×1230mm 1/32 印张：5.75
字数：140 千字
定价：38.00 元

（凡本版图书出现印刷、装订错误，请向出版社发行部调换）

编写人员

主　编　陈　斌　周明忠

副主编　王泽洲　张　东　王贵平　林德锐　徐志文

审　稿　邵　靓　吴　宣

编　者（按姓氏笔画排序）

王贵平　研究员/博士　　　广东海大畜牧兽医研究院有限公司

王泽洲　研究员/博士　　　四川省动物疫病预防控制中心

关泽英　高级经济师　　　　四川省动物疫病预防控制中心

邓　飞　高级兽医师/硕士　四川省动物疫病预防控制中心

邢　坤　高级兽医师　　　　四川省动物疫病预防控制中心

阳爱国　研究员/博士　　　四川省动物疫病预防控制中心

吴　宣　高级兽医师/硕士　四川省动物疫病预防控制中心

李英林　兽医师/本科　　　凉山州动物疫病预防控制中心

李　春　高级兽医师/硕士　四川省动物疫病预防控制中心

李　丽　兽医师/硕士　　　四川省动物疫病预防控制中心

李　淳　高级兽医师/硕士　四川省动物疫病预防控制中心

陈　冬　高级兽医师/硕士　四川省动物疫病预防控制中心

陈　斌　研究员/博士　　　四川省动物疫病预防控制中心

陈代平　研究员/本科　　　四川省动物疫病预防控制中心

陈弟诗　高级兽医师/博士　四川省动物疫病预防控制中心

邵　靓　高级兽医师/博士　四川省动物疫病预防控制中心

邱明双	兽医师/本科	四川省动物疫病预防控制中心
周明忠	研究员/博士	四川省动物疫病预防控制中心
周哲学	研究员/本科	四川省动物疫病预防控制中心
周莉媛	兽医师/硕士	四川省动物疫病预防控制中心
林德锐	总经理/硕士	广东永顺生物制药股份有限公司
张 东	研究员	四川省动物疫病预防控制中心
张永宁	高级兽医师/硕士	四川省动物疫病预防控制中心
张代芬	高级兽医师/硕士	四川省动物疫病预防控制中心
张 睿	兽医师/本科	四川省动物疫病预防控制中心
张 毅	高级兽医师/博士	四川省动物疫病预防控制中心
岳建国	高级兽医师/本科	成都市动物疫病预防控制中心
胡 宇	高级兽医师	仁寿县动物疫病预防控制中心
徐志文	教授/博士	四川农业大学
贾爱卿	高级兽医师/博士	广东海大畜牧兽医研究院有限公司
谢嘉宾	高级兽医师/硕士	四川省动物疫病预防控制中心
梁璐琪	兽医师/硕士	四川省动物疫病预防控制中心
裴超信	高级兽医师/硕士	四川省动物疫病预防控制中心
黎先伟	总监/硕士	广东永顺生物制药股份有限公司

养殖业是农业的重要组成部分，在国民经济发展中举足轻重，自古有"猪粮安天下"的说法。近年来，我国的养猪业在集约化、规模化、产业化方面得到较大发展，管理者和养殖业者普遍认识到效益在养殖规模、成败在疫病防治。随着国家动物疫病防控政策和措施的宣传贯彻，猪场生物安全措施的不断完善，猪细菌性传染病的发生呈现逐年下降趋势。但新病种的不断出现，以及疫病的混合和继发感染，使临床症状更加复杂，不规范用药导致耐药菌株增多，细菌性传染病仍然严重威胁着养猪业的发展。四川省动物疫病预防控制中心组织有关专家，发挥各自专长，总结多年的研究工作和实践经验，编撰了《猪主要细菌病防控宝典》一书。本书从我国猪细菌性传染病的流行现状和流行病学特点揭示了细菌病流行的一般规律；概述了细菌性传染病诊断检查方法研究进展、疫苗研究进展、药物防治研究进展，提出了猪细菌性传染病综合防控对策；继而重点介绍了以猪链球菌病为代表的19个主要猪细菌病的病原特性、发病特点、临床症状、病理变化、诊断要点及防治技术。本书突出"预防为主、防重于治"的原则，图文并茂，通俗易懂。

对本书的顺利出版表示祝贺，并衷心希望本书在指导猪场防病、提高基层畜牧兽医工作者业务水平和脱贫攻坚中发挥积极作用。

2019 年 2 月 1 日

我国是世界养猪大国，也是猪肉及其产品消费大国。近年来，随着科技日益进步，管理体系逐渐完善，生物安全措施不断升级，我国养猪业取得了飞速发展，猪细菌性传染病的发生呈现下降趋势。但新病种的出现、非典型化病例的增多，以及混合和继发感染的日趋普遍，使疫病的临床症状更加复杂，加之不规范用药导致耐药菌株大量出现，细菌性传染病呈现出新的临床特征和流行特点，仍然严重威胁着我国养猪业的发展。

鉴于新形势下猪场主要细菌病的防控需要，2018年3月，四川省动物疫病预防控制中心组织广东海大畜牧兽医研究院有限公司、广东永顺生物制药股份有限公司及四川农业大学的相关专家，共同组成《猪主要细菌病防控宝典》编写组，开会讨论确定了编写原则、编写大纲并作了分工。本书的编写立足于行业高度，编者在总结近年来我国猪场细菌病流行病学调查数据及规模猪场细菌病防控实践经验的基础上，结合国内外相关研究的最新进展，按照学以致用的原则编写本书。在强化猪细菌性传染病防控的同时，尽可能反映当前研究的新观点、新技术和新内容，力求本书具有较强的实用性、针对性和可操作性。

全书共分为两章，第一章全面系统地介绍了我国猪细菌性传染病的流行现状和流行病学特点，猪细菌性传染病诊断检查方法，疫苗、药物防治的最新研究进展，以及我国猪细菌性传染病的防控对策；第二章详细介绍了以猪链球菌病等19个主要猪细菌病的病原特性、发病特点、临床症状、病理变化、诊断要点和防治技术。内容精炼、简明实用，可供规模猪场兽医技术人员，各级畜牧兽医系统从业人员，大、中专院校师生及科研单位有关人员参考使用。

本书也是国家公益性农业行业科研专项"猪链球菌病防控技术研究与示范"（201303041）的项目成果之一，感谢项目承担单位南京农业大学对本书编写的大力支持。感谢各级领导以及提供照片的各位老师、同行对本书编写过程中给予的关心支持。感谢四川省农业农村厅党组副书记、副厅长杨朝波在百忙之中欣然为本书作序。感谢中国农业出版社在本书出版过程中所做的大量修改完善工作。

本书虽经多次修改和校正，但由于编者水平有限，虽已尽力，不当和错漏之处难免，敬请同行不吝指正，在此谨表谢意。

编者

2019 年 2 月于成都

序

前言

第一章

猪细菌性传染病研究进展

第一节　我国猪细菌性传染病的流行现状

长久以来，猪细菌性传染病给我国养猪业造成了比较严重的危害，尤其是在猪群中混合感染或继发感染病毒病、寄生虫病时，通常都会引起猪群的高发病率和高病死率，给养猪场带来不可挽回的损失。近年来，一些中小规模养猪场饲养管理不到位，加之抗生素滥用，导致全国范围内的细菌耐药性增高，最终造成"超级细菌"的出现，使猪细菌性传染病的防控难度越来越大。

猪细菌性传染病的传播和流行需要病原、传播途径和易感动物三个要素，破坏其中任何一个构成要素，都能阻断疫病传播。但要从根本上防治猪的细菌性传染病，还必须从根除病原、切断传播途径和保护易感动物三个方面同时发力。近年由于受到环境污染整治的压力，一些散养户和部分中小养殖场被淘汰，传统家庭养殖模式逐渐退出，适度规模化养殖场和集约化标准化养殖场越来越多。虽如此，我国目前仍然存在相当规模的"个体养殖户"，这类养殖户针对猪细菌性传染病的主要治疗方式仍然是用抗菌药物，且普遍存在不合理使用抗菌药物的现象，导致耐药菌株不断增多，致使猪细菌性传染病的死亡率居高不下。同时，适度规模养殖模式下的养殖场数量近年来呈暴发式增长，而养殖场主疫病防范意识缺乏、饲养管理不到位以及集约化程度不高成为该种养殖模式的主要缺陷。有研究发现，猪细菌性传染病在规模化程度不高的猪场内呈现高感染率状态。而对于集约化程度高的养殖企业，在饲养管理理念和疫病防范上，都已形成一套成熟先进的方案，但即便是这样的企业，也不能完全摆脱病原菌的侵扰。因此，分析研究我国猪细菌性传染病的防控工作显得尤为重要。

一、我国猪细菌性传染病的主要种类及临床特点

猪的细菌性传染病已成为制约养猪业发展的最大障碍，快速准确的诊断是控制疫病流行的最有效手段。在进入实验室检测前，临床上的初步诊断是实际操作中的必要过程。根据临床特点的不同，猪细菌性传染病分为引起腹泻的细菌病、呼吸系统细菌病、引起繁殖障碍的细菌病、引起皮肤和神经症状的细菌病以及表现其他症状的细菌病几大类，主要包括：猪链球菌病、副猪嗜血杆菌病、仔猪黄痢、仔猪白痢、猪水肿病、仔猪副伤寒、猪附红细胞体病、猪喘气病、猪丹毒、猪肺疫、猪李氏杆菌病、猪传染性胸膜肺炎、猪传染性萎缩性鼻炎、猪痢疾、仔猪梭菌性肠炎、猪增生性肠炎、猪钩端螺旋体病、布鲁氏菌病、衣原体病等。

（一）细菌性腹泻病最为普遍

国内猪的细菌性腹泻病主要见于由大肠杆菌引起的仔猪黄痢、仔猪白痢，由沙门菌引起的仔猪副伤寒，由魏氏梭菌引起的仔猪红痢，由猪痢疾短螺旋体引起的猪痢疾，以及由胞内劳森菌引起的猪增生性肠炎。多发于乳猪和仔猪阶段，造成较高死亡率。保育猪和育肥猪也可见到腹泻症状，死亡率较低。

猪黄痢：出生后 1～3 天的乳猪易发，症状表现为排黄色含凝乳块稀便，死亡迅速。

仔猪红痢：出生后 1～7 天的仔猪易发，症状表现为排血样稀便，呈高死亡率。

仔猪白痢：多发于出生后 3～7 天的仔猪，症状为排腥臭灰白色稀便，但死亡率通常较低。

仔猪副伤寒：多呈高热症状（高于 41℃），耳部、腹部红斑，腹泻或便秘症状均有出现，多发于夏季潮湿季节。

猪痢疾：不论大小猪都会发生，主要症状为黏液性或黏液出血性下痢，一旦出现症状，就下痢不止，粪便带有大量血液，呈鲜红或暗红色，治疗不及时或用药不当，会很快死亡。

猪增生性肠炎：由专性胞内劳森菌引起，多数病猪可出现（或不出现）临床症状，有时仅出现轻微腹泻，但有时也会引起持续性腹泻、严重的坏死性肠炎以及高死亡率的出血性肠炎等。

（二）呼吸系统细菌病仍是重点

引起猪呼吸系统病症的细菌病多见于猪喘气病、传染性胸膜肺炎、猪肺疫、传染性萎缩性鼻炎、猪链球菌病、副猪嗜血杆菌病等。

猪喘气病：是一种慢性传染病，由猪肺炎支原体引起，经呼吸道传播，以咳嗽、气喘为主要症状，断奶仔猪最易感。

传染性胸膜肺炎：是一种严重的接触性传染病，多见于仔猪，由胸膜肺炎放线杆菌引起。症状表现为体温升高，呈典型的犬坐姿势、张口呼吸，有带血泡沫样的液体从口鼻流出。

猪肺疫：是由多杀性巴氏杆菌引起的急性流行性或散发性和继发性传染病，俗称"锁喉风"或"肿脖子瘟"。急性病例为出血性败血病、咽喉炎和肺炎的病状，死亡率高，可达 100%。慢性病例主要症状为高热、咽喉肿大、张口呼吸、口鼻流出白色泡沫或液体。

猪传染性萎缩性鼻炎：多发于 2～5 月龄的猪，是由支气管败血波氏杆菌和产毒素多杀性巴氏杆菌引起的猪的一种慢性接触性呼吸道传染病。临床症状主要表现为鼻炎，颜面部变形，鼻甲骨尤其是鼻甲骨下卷曲发生萎缩和生长迟缓。

猪链球菌病：是由多种致病性猪链球菌感染引起的一种人畜共

患病，可引起猪的包括肺炎在内的多种症状。猪链球菌可感染猪的上呼吸道（特别是扁桃体和鼻腔），多表现为急性败血型，病猪突然发病，高热至 41～43℃，眼鼻流液、咳嗽、呼吸加快等。

副猪嗜血杆菌病：由副猪嗜血杆菌引起，病猪主要表现为发热（40.5～42.0℃）、呼吸困难、腹式呼吸、关节肿胀、跛行及共济失调等症状，发病率 20%左右，致死率在 50%以上。

（三）引起繁殖障碍的细菌病有抬头和增加趋势

引起猪繁殖障碍的细菌病，临床症状多表现为母猪流产、返情、屡配不孕、产死胎和木乃伊胎等，最常见于布鲁氏菌感染，也可见于李氏杆菌、附红细胞体和衣原体感染。病的特征是侵害生殖系统，母猪发生流产和不孕，正常分娩或早产时，可产下弱仔、死胎或木乃伊胎；公猪引起睾丸炎。

李氏杆菌感染：母猪一般无明显的临诊症状，但妊娠母猪感染常发生流产，尤其是妊娠后期母猪的流产，流产母猪子宫内膜和胎盘部位充血、出血、广泛坏死。

附红细胞体感染：母猪也可发生繁殖障碍，表现为早产、产弱仔和死胎，受胎率降低，不发情或发情期不规律。

猪衣原体病：由鹦鹉热衣原体引起，常见症状有妊娠母猪流产、死产和产弱仔，公猪可出现睾丸炎、附睾炎、尿道炎、龟头炎、龟头包皮炎及附属腺体炎等生殖道疾病。

（四）引起皮肤及神经症状的细菌病症状突出

皮肤类细菌病多见于猪丹毒。猪丹毒是由红斑丹毒丝菌引发的母猪和育肥猪的皮肤疹块型疫病，感染猪初期在胸侧、背部、颈部至全身出现界限明显、不规则的疹块，呈现典型的"打火印"，指压退色；后期形成棕色痂皮，死亡率低。

神经类细菌病多见于脑膜炎型的猪链球菌病和李氏杆菌病。脑膜炎型猪链球菌病多发于育肥猪阶段，临床症状表现为猪只尖叫或抽搐，或突然倒地，口吐白沫，四肢划动，状似游泳，继而衰竭麻痹，2～3天内死亡。脑膜炎型李氏杆菌病大多发生于断奶后的仔猪或哺乳仔猪。临床症状表现为无目的地走动或转圈，有的头颈后仰，呈观星姿势，严重的倒卧、抽搐、口吐白沫、四肢乱划动，遇刺激时则出现惊叫。此外，由溶血性大肠杆菌引起的仔猪水肿病主要发生于2月龄仔猪和3～4月龄架子猪，往往急性发病，并表现出明显的神经症状，肌肉震颤，间歇性抽搐，四肢呈游泳状划动，俗称"小猪摇摆病"，死亡率可超过90%。

（五）其他症状细菌病表现多样

呕吐主要见于脑膜炎型的猪链球菌、猪丹毒、猪传染性胸膜肺炎等病症，这类细菌病可引起包括呕吐在内的多种症状，在临床上要加以区别。黄疸可考虑附红细胞体或钩端螺旋体感染。另外，在实际诊断中上还会发现跛行、高热不退或无名高热等细菌病的临床症状，在临床无法加以区别时，应注重实验室检测，同时加以记录记载，及时发现细菌病的临床新症状。

二、猪细菌性传染病的流行特点

近年来，随着农村产业结构的调整和环境整治要求的提高，我国养猪业飞速发展，高精尖的养殖技术在国内得到广泛应用，规模化和集约化程度不断提高，生猪及其产品流通渠道也随之增多并日渐频繁，猪细菌性传染病呈现出以下流行特点：

（一）猪链球菌、副猪嗜血杆菌、大肠杆菌仍是对我国养猪业危害最严重的细菌病

有数据显示，猪细菌性病原在国内猪场的平均检出率达到了2.5%以上。从发病猪场的监测情况看，猪链球菌、副猪嗜血杆菌、

大肠杆菌为当前国内猪场检出率最高的几种病原菌。

在所有病原菌的检测结果中，猪链球菌达到了30％以上，血清型以2型和9型为主。猪链球菌病在猪群中常见散发或呈地方性流行，同时，该病为人畜共患病，因此受到了广泛的关注。目前，在猪群中发生蓝耳病、猪瘟、圆环病毒病及伪狂犬病等感染时，常见继发感染猪链球菌，仔猪发病通常表现为败血症和脑膜炎，发病率为30％左右，死亡率可达80％；中猪发病表现为化脓性淋巴结炎和关节炎；生产母猪发生子宫内膜炎和乳房炎，造成繁殖障碍。猪链球菌耐药性强，目前发现对多种常用抗生素耐药，但对氟苯尼考、头孢噻呋、氨苄西林、地米考星、泰拉菌素等药物较敏感，对其他抗生素不敏感。

副猪嗜血杆菌的检出率达到了20％以上，血清型以4型和5型为主。主要危害断奶前后仔猪和保育猪，以2～8周龄以下的猪只为多发，日龄越小，死亡率越高。该菌在外界环境中普遍存在，属于条件性致病菌，断奶、长途运输、气温突变等各种应激因素都可诱发本病。另外，当猪群中存在蓝耳病和圆环病毒病时，会造成猪机体免疫抑制，导致免疫力下降，可诱发本病的继发感染，使猪群的发病率与死亡率明显增高。副猪嗜血杆菌对多种抗生素也有很强的耐药性，对氟苯尼考、鱼腥草、金银花等药物较为敏感。

另外，大肠杆菌检出率也较高，普遍在5％～10％。大肠杆菌是引起仔猪黄痢、白痢和水肿病的病原，其血清型很多，引发的病症也不尽相同，因地而异。哺乳仔猪发病死亡率可达90％左右，断奶猪死亡率为50％左右。另外，随着近年来高致病性大肠杆菌的出现，给养猪业造成了较大的经济损失，同时，其具有较强的耐药性，危害严重，应引起高度重视。

（二）人畜共患细菌病的危害增大

近些年，一些人畜共患细菌病在猪群中流行，危害较为严重，且呈现上升的趋势，严重损害猪群乃至人的健康。2005 年，四川省出现了严重的猪 2 型链球菌病疫情及人感染死亡事件，累计报告人感染猪链球菌病例 215 例，其中死亡 38 例，多地养殖场出现猪的大量发病和死亡。此病的流行范围很广，在全国各地都有发生。随着养猪业规模化、产业化程度的加强，此病的发病率有所上升，同时人也可以感染此病，导致不孕不育，感染率已超过 1/10 万。

（三）老病未除，新病不断涌现

国内存在的一些传统的猪细菌性传染病虽得到一定控制，但近年来又有反弹趋势，如腹泻性细菌病，它们仍然是危害我国养猪业健康发展的主要细菌病。同时，一些以前未见或很少发生的细菌病近年来出现了暴发流行，如 2005 年四川省暴发的猪 2 型链球菌病疫情。此外，由于贸易的便利和远距离的交易，一些外来病进入国内，如附红细胞体病等。

（四）非典型性病例增多

外部环境、气候的变化，用药强度，混合感染等因素，会导致细菌性传染病不断出现非典型化的病例，如近年来发现了多杀性巴氏杆菌引发的"温和型"猪肺疫。非典型病例由于没有特征性的临床症状和病理变化，容易造成临床诊断错误，影响疫病防控。

（五）耐药菌株大量出现

近年来，随着我国养猪业的快速发展，兽医临床上抗菌药物被广泛应用，在疾病的防治过程中发挥了很大的作用。然而，随着抗生素的不规范使用、滥用，以及抗生素作为饲料添加剂用于促进动物生长和预防细菌病的发生，耐药菌株不断出现，耐药谱不断扩大，并且多重耐药菌株大量出现，这些耐药菌株可以通过各种途径传递给人，给畜牧业发展和人类健康带来极大的潜在威胁。例如，临床上猪链球菌、大肠杆菌、沙门菌均对多种抗生素表现出不同程度的耐药性。

（六）并发、继发感染的现象越来越普遍

猪呼吸系统疫病通常可见猪肺炎支原体、巴氏杆菌、胸膜肺炎放线杆菌、猪繁殖与呼吸综合征病毒、猪流感病毒等混合或继发感染；猪消化系统疫病常由致病性大肠杆菌、猪传染性胃肠炎病毒、猪流行性腹泻病毒及猪轮状病毒等混合感染引起。多病原的并发和/或继发感染，使疫病的诊断与防治变得越来越困难。

（七）免疫抑制性细菌病增多

免疫抑制的产生是近年来猪病越来越难以防控的重要原因。某些细菌/病毒感染、毒素、应激、营养不良、应用免疫抑制性药物等都是导致出现免疫抑制的原因。由于上述诸要素造成对免疫相关细胞、组织、器官的破坏，而免疫相关组织器官的损伤将直接导致免疫机制不健全、免疫机能受损，机体的细胞免疫和体液免疫不能正常发挥作用，免疫应答受到干扰，从而导致机体的免疫力和抵抗力下降，对猪病的易感性增强，最终使养猪行业陷入猪越来越难养、猪病越来越多的困境。有调查显示，我国猪群中免疫抑制性细菌病近年来有增多趋势。常见的猪免疫抑制性细菌病包括猪喘气病、猪沙门菌病、副猪嗜血杆菌病和猪传染性胸膜肺炎等。

三、猪细菌性传染病的流行原因

近年来，随着国内养猪业快速发展，集约化、规模化程度越来越高，混合感染猪病毒病和细菌病的情况增多，给养殖场户造成了较大的经济损失。猪细菌性传染病的流行原因主要有以下几个方面：

（一）饲养管理水平不高

饲养管理是控制细菌性传染病的最有效手段。但是，国内传统的养殖模式依旧存在，大部分的中小规模场主观念陈旧，疫病防范意识不到位，管理水平不高，养殖圈舍简陋，人员缺乏等问题，都易造成病原菌的滋生与传播。

（二）防疫措施不到位

猪的细菌性传染病大多需要疫苗免疫才能获得较好的免疫保护，免疫程序不合理、免疫操作不规范是导致免疫失败的最常见原因。一部分养殖场主，尤其是中小规模的养殖户大多没有接受过系统专业的技术培训，凭自己的经验进行操作，从而忽视了一些免疫关键问题，如免疫程序不科学、疫苗用量不准确、间隔时间不当等。还有的养殖户由于不注重疫苗的运输、保管储藏等环节，造成疫苗失效。

（三）存在用药误区

近年来，我国越来越关注动物性食品公共卫生安全问题，先后推出了《兽药管理条例》《食品动物禁用的兽药及其他化合物清单》《禁止在饲料和动物饮水中使用的药物品种目录》《动物性食品中最高残留限量标准》《兽药休药期规定》等一系列国家相关法规和标准，严格规范我国畜禽养殖业兽药的使用。但我国畜禽饲养产业结构复杂，存在大量以家庭、个体为单位的养殖户，许多养殖户的科学养殖知识匮乏，并且没有科学养殖技术的指导，往往存在以下几方面的用药误区：盲目用药，长期用药和超量用药，随意更换药物和停止用药，不注意配合用药，给药途径不正确，不区别治疗用药和预防用药。不规范用药将直接导致用药效果不理想，导致耐药性发生，造成严重的经济损失。

（四）混合感染病例增多

近年来，发病猪场的猪群中细菌病与病毒病混合感染的现象越来越普遍，如圆环病毒病、蓝耳病多见混合感染副猪嗜血杆菌、猪链球菌。这种混合感染的病例往往只表现出病毒病的临床症状，在没有经过实验室检测的情况下，养殖场通常只对病毒病采取防控措施，忽视了对细菌病的防治，导致细菌病蔓延。细菌的感染会增加病毒毒力，如副猪嗜血杆菌血清 4 型的感染增强了圆环病毒 2 型感染仔猪的毒力。而病毒的感染也会增加细菌的感染概率，如伪狂犬病毒的感染，增加了胸膜肺炎放线杆菌和波氏杆菌的分离率。多种细菌病混合感染的现象也较为普遍，以猪链球菌、副猪嗜血杆菌的混合感染最多，其次是猪链球菌与波氏杆菌，第三是副猪嗜血杆菌与波氏杆菌的混合感染。同时，病毒、细菌与寄生虫混合感染也时有发生，主要见于猪附红细胞体病和猪弓形虫病等。另外，病毒病及霉变饲料等会造成机体免疫力下降，也会导致体内的条件性致病菌发病。

四、猪细菌性传染病的传播方式及危害

（一）猪细菌性传染病的传播方式

猪细菌性传染病有多种传播途径和方式，主要包括通过呼吸系统传播、消化系统传播、接触性传播以及血液传播。

呼吸系统细菌病是当前国内猪场最普遍也是最为突出的问题。引起呼吸系统疾病的因素有很多，如生物因素、环境因素、饲养管理等，常见的通过呼吸系统传播的细菌病主要有猪喘气病、猪肺疫、猪传染性胸膜肺炎、副猪嗜血杆菌病、猪传染性萎缩性鼻炎、猪沙门菌病等。此类疾病主要通过空气中的气溶胶传播。空气质量差、温度骤变及机体抵抗力下降是导致呼吸道细菌病发病的主要诱

因，以断奶和保育仔猪多发。

消化系统细菌病以感染仔猪多见，通过猪消化系统进行传播的细菌有猪链球菌、致病性大肠杆菌和幽门螺旋杆菌等。对于仔猪来说，猪链球菌大多通过采食进入并栖息于消化道中，当机体免疫力下降时，病原菌感染引起发病；仔猪采食被致病性大肠杆菌污染的饲料或被感染的母猪乳汁会引起腹泻；幽门螺旋杆菌主要是通过采食进入胃中，并长期生长在胃壁，进而引起胃部病变，导致一系列消化系统疾病。

通过接触传播的病原菌有布鲁氏菌和金黄色葡萄球菌。布鲁氏菌可通过野猪、家犬、野猫、家禽和老鼠等动物进行传播；金黄色葡萄球菌则通过病猪脱落的皮肤和分泌的黏液粘附于健康家猪的皮肤表面，破坏皮肤的屏障功能，进而造成感染。

通过血液传播的病原菌有猪链球菌和沙门菌，可通过蚊虫叮咬进行传播。猪链球菌可通过伤口进入血液，引起炎症反应；沙门菌可长期潜伏在猪体内，在母猪生产时进入血液导致疾病的发生。

细菌病的蔓延往往不是靠一种传播方式，大多数细菌可通过多种途径传播。如猪丹毒丝菌，可通过消化系统感染，也可以通过受伤的皮肤接触到病菌感染；可通过病猪的分泌物、排泄物或精液等发生接触性感染，也可以经消化道、呼吸道和血液感染；猪链球菌可通过病猪的血液和消化系统传播感染。猪细菌性传染病复杂多样的传播方式，加大了其防控难度。

（二）猪细菌性传染病的危害

致病性大肠杆菌对 10 日龄以下仔猪的致死率几乎为 100％，但随着猪日龄的增大，死亡率逐渐下降；产气荚膜梭菌对猪的致死率为 5％～59％，平均为 26％；猪群中猪链球菌的携带率最高可达 100％，但感染率与发病率仅为 5％～20％；不同血清型的沙门菌对仔猪的致死率存在差异，其中鼠伤寒沙门菌感染后的致死率最高可达 94％，而其他血清型造成的死亡率则较低；金黄色葡萄球菌的感染风险仅为 0.4％；幽门螺旋杆菌在猪群中的携带率为 60％，但其致死率相对较低，对成年猪的感染率较高，尤其是对怀孕母猪，最高可达 90％。

第二节　猪细菌性传染病诊断检查方法研究进展

猪细菌性传染病是由细菌引起的一大类猪传染病的总称，主要导致猪只呼吸系统、消化系统、循环系统、泌尿生殖系统、免疫系统等的疾病。随着科技进步，兽医水平提高，养猪业迅速发展，管理体系完善，生物安全措施升级，猪细菌性传染病发生呈降低趋势。但新猪病的不断出现，疫病的混合和继发感染使临床症状复杂，不规范用药导致耐药菌株增多，细菌性传染病仍然严重威胁养猪业的发展，同时也威胁动物产品质量和公共卫生安全。对猪只细菌病进行快速、准确的检测，是预防和控制猪病的有效手段，对养猪业发展和人畜健康具有举足轻重的作用。细菌病的检测方法主要包括传统的培养法、生化反应法、免疫血清学检测方法及分子生物学检测方法等，随着生物技术的发展，多学科交叉融合，检测方法朝着精确高效的方向上不断发展革新，并以传统方法为基础建立起多种新型检测技术，如全自动微生物生化鉴定系统、质谱技术、时间分辨荧光免疫技术、环介导等温扩增、生物芯片技术等，为猪细菌病快速、准确的诊断和高通量的检测提供了新的方法。

一、病原菌分离培养方法

传统的细菌病诊断通常都依赖于病原菌的分离培养、临床表现、剖检症状、病理和组织学检测等结果综合判定，而其中病原菌的分离培养是诊断的"金标准"。几乎所有的细菌病检测标准均以传统的细菌培养方法为基础，包括病料样本的采集、培养前增菌、分离培养、培养特性、染色镜检、生化试验、血清学试验、动物回归实验等进行验证和判定。其优点在于特异性较强、直观、准确、稳定。但影响因素多，操作步骤繁琐，工作量大，检测耗时较长，容易出错，对技术人员专业技能要求高，甚至因个别细菌生长的特殊要求而无法得到鉴定结果，难以作为快速诊断的方法普及推广和应用。有些细菌培养需要特殊营养物质，如：副猪嗜血杆菌和传染性胸膜肺炎放线杆菌生长绝大多数型需要 V 因子；猪链球菌、猪多杀性巴氏杆菌、支气管败血波氏杆菌、猪丹毒丝菌等需要动物血清或血液才能良好生长。有些细菌属于兼性厌氧，培养需要提供适量 CO_2，如副猪嗜血杆菌需要 $3\%\sim5\%$ CO_2，传染性胸膜肺炎放线杆菌需要 $5\%\sim10\%$ CO_2，大部分支原体兼性厌氧需要 $5\%\sim10\%$ CO_2，猪密螺旋体需要严格厌氧培养，猪肠道黏膜胞内劳森氏菌则需要 8% O_2 的培养最佳。部分细菌初次分离需添加抗生素抑制杂菌生长，如分离猪链球菌时可添加多黏菌素 B 和萘啶酮酸，猪密螺旋体培养时需要加入壮观霉素、利福平等。培养同一属不同种细菌时选择不同化学物质的增菌液对其生长有不同的偏向性，如改良半固体氯化镁孔雀绿增菌液有利于运动型沙门菌的检测，二四硫黄酸钠亮绿增菌液（TTB）可抑制除沙门菌外其他肠道菌群的生长。

二、全自动微生物生化鉴定系统

不同的细菌会利用不同碳源（或氮源）进入新陈代谢过程（称为呼吸），而对其他一些碳源（或氮源）则无法利用。将每种细菌能利用和不能利用的一系列碳源（或氮源）进行排列组合，就构成了该种细菌特定的代谢指纹，由于细菌在利用碳源进行呼吸时，会发生一系列的氧化-还原反应，产生电子，TTC（四唑紫，2,3,5-Triphenyl Tetrazolium Chloride）在呼吸电子后，会由无色的氧化型转变为紫色的还原型，通过肉眼观察或计算机控制的读数仪，将反应结果同数据库中的指纹进行比对，从而得到细菌的鉴定结果。根据这种细菌对碳源（或氮源）利用的差异来区别和鉴定细菌的原理，20 世纪 80 年代初美国 Biolog 公司开发的代谢指纹法微生物自动化检测系统。随后，该公司基于 95 种碳源或化学敏感物质的利用原理继续开发出 Microstation 和 Omnilog 自动微生物鉴定系统，可鉴定细菌、酵母和霉菌超过 2650 种。脂肪酸是微生物细胞组分中一种稳定富有的重要组分，它和细菌的遗传变异、毒力、耐药性等有极为密切的关系，它的种类和含量是细胞化分类法的重要依据之一，采用气相色谱分析微生物细胞壁的脂肪酸构成，是一种重要的化学分类途径，梅里埃、BD、热电和西门子等公司开发了相应的自动微生物鉴定系统，已有 200～600 种数据库，主要以鉴定致病菌为主，可做药敏测试。全自动细菌鉴定系统已广泛应用于人的病原微生物鉴定，在动物的病原菌实验室检测鉴定中也逐渐开展应用，如上海市动物疫病预防控制中心用全自动微生物生化鉴定系统（VITEK2-Compact）和全自动快速微生物质谱检测系统（VITEK MS）对屠宰场生猪分离的猪丹毒丝菌和猪链球菌进行了鉴定。但由于一次性设备投入高、试剂耗材昂贵，在某些情况下其结果还需要候补方法确认，数据库背景资料不完整，对操作人员要求较高等缺陷，自动微生物鉴定系统在兽医诊断检测上广泛推广应用还有一定难度和过程。

三、质谱技术

每种微生物都有自身独特的蛋白质组成，因而拥有独特的蛋白质指纹图谱。基质辅助激光解析电离飞行时间质谱技术（MALDI-TOF MS），利用细菌蛋白质表达谱中的特征谱和峰值进行鉴定，与数据库中的质谱图进行比较，进而对细菌的属、种、株，甚至是不同亚型进行分类，现已发展成为商业化的微生物鉴定技术在国外逐渐普及应用。斯耶莱柏集团（Synlab Group）布鲁克·道尔顿公司开发的 MALDI Biotyper 高通量微生物鉴定系统通过 MALDI-TOF 质谱仪测得待测微生物的蛋白质指纹谱图，通过 Biotyper 软件对这些指纹图谱进行处理，并和数据库中各种已知微生物的标准指纹图谱进行比对，从而完成对微生物的鉴定。Biotyper 数据库中已经含有 3000 多种微生物的特征指纹谱，已经在沙门菌、大肠埃希氏菌、单增细胞增生李斯特氏菌、双歧杆菌、小肠结肠炎耶尔森氏菌、金黄色葡萄球菌、空肠弯曲菌、阪崎肠杆菌、乳酸菌等常见的人和动物病原菌以及食品卫生微生物检验国家标准（GB/T 4789）中规定检验的细菌检测中进行应用。MALDI-TOF 还可对细菌包括蛋白质、多肽、DNA 和 RNA 及其他能被离子化的分子等多种成分进行分析。而以此为基础与其他技术联合使用，开发出电喷雾离子化（ESI）质谱的多反应监测（MRM）技术等也正开始应用于微生物的定量分析。战晓微等利用 MALDI-TOF 方法对沙门菌多肽段进行分析，可用于食品中沙门菌的快速准确检测。Kruh-Garcia 等将 MRM 技术用于结核菌 Mtb 3 种重要的免疫显性蛋白质（Antigen85A、Antigen 85B、Antigen 85C）的检测，从而达到对 Mtb 进行诊断的目的。质谱技术实现了无须分离纯化即可鉴定细菌，且操作简单、快速、准确、灵敏、高通量，但还存在一定局限，如：一些罕见菌种或新型细菌的蛋白特征指纹图谱未录入现有数据库从而导致鉴定困难，对病原菌亚种的鉴定和耐药性的检测还有不足，标准化问题亟待解决，仪器试剂价格昂贵，操作人员要求高等。相信，随着其病原微生物蛋白特征指纹图谱数据库的不断完善和各种配套优化，质谱技术将有望发展为新一代病原微生物常规诊断技术。

四、免疫学检测技术

免疫学检测技术是通过抗原和抗体之间的特异性反应，利用检测标记在反应物上的示踪物，对样本（抗体或抗原）进行定性或定量测定的检测技术。几乎所有的猪细菌性传染病都建立了相应的免疫学检测方法，早期使用的检测方法有琼脂扩散试验、玻板凝集试验、血清中和试验、补体结合试验、间接血凝试验、酶联免疫吸附技术（ELISA）等，由于部分方法操作繁琐、灵敏性低、特异性差，不适宜推广应用，仅作为研究方法在实验室使用，而具有方便、快速、灵敏等特点的方法，如玻板凝集、间接血凝、酶联免疫吸附技术等直到现在还在临床上持续应用。随着现代免疫学技术的发展，单克隆抗体技术的广泛应用，使得以免疫学为基础的细菌传染病检测技术取得了新的进步，如不断优化的酶联免疫吸附试验（ELISA）和免疫胶体金技术（ICS）、免疫荧光技术（FIA）、免疫磁性分离技术等，均提高了细菌传染病检测的灵敏性、准确性和时效性。

（一）酶联免疫吸附试验

酶联免疫吸附试验（ELISA）是以免疫学反应为基础，将抗原、抗体的特异性反应与酶对底物的高效催化作用相结合的一种敏感性很高的试验检测技术，具有操作简单、快速、敏感性高、特异性强、实验设备要求简单、能定性及定量分析等特点，在实际中广泛应用，根据设计思路不同，常见的有间接 ELISA、竞争 ELISA、夹心 ELISA、亲和素和生物素 ELISA 等。中国兽医药品监察所研制了大肠杆菌 K88（F4）、K99（F5）、987P（F6）抗原 ELISA 试剂盒，用于监测幼畜大肠杆菌病。Radocovici S 等将提取的 APP 血清型 1 菌株的脂多糖作为抗原，成功建立了型特异的 ELISA 方法。李鹏等表达副猪嗜血杆菌（HPS）P2 融合蛋白建立了检测 HPS 抗体的间接 ELISA 方法，与进口试剂盒 Synbiocits-ELISA 平行比对，阳性符合率达到 93.4%。殷月兰等利用单抗竞争 ELISA 检测猪霍乱 Sal 抗体，取得了理想的效果。OkadM 等利用猪肺炎支原体 Mhp P46 外膜蛋白的单克隆抗体和在大肠杆菌中的表达产物建立了检测抗体的双夹心方法。牛源都柏林和鼠伤寒 2 种沙门菌血清型 ELISA 抗体检测试剂盒在瑞典和丹麦已实现商业化生产。

(二)免疫胶体金技术

免疫胶体金技术(Immune Colloidal Gold Technique)是以胶体金作为示踪标志物应用于抗原抗体的一种新型的免疫标记技术。根据免疫学抗原抗体反应原理,应用渗滤作用或毛细管作用,结合胶体金标记技术,形成常见的斑点免疫渗滤法(DIGFA)和胶体金免疫层析法(GICA)。胶体金免疫层析法是将特异性的抗原或抗体以条带状固定在膜上,胶体金标记试剂(抗体或单克隆抗体)吸附在结合垫上,当待检样本加到试纸条一端的样本垫上后,通过毛细作用向前移动,溶解结合垫上的胶体金标记试剂后相互反应,再移动至固定的抗原或抗体的区域时,待检物与金标试剂的结合物又与之发生特异性结合而被截留,聚集在检测带上,可通过肉眼观察到显色结果。该方法有操作容易、反应迅速、特异性高、样本用量少、成本低、肉眼可见、不需任何特殊仪器设备等特点,已经广泛应用于不同领域多种商业化试剂盒中。例如,金黄色葡萄球菌快速检测卡,基于双抗体夹心法原理,用金黄色葡萄球菌菌壁的标记性蛋白的单克隆抗体,通过胶体金标记与包被在 NC 膜上的另一抗体组装成检测卡,应用于各种食品、原料中金黄色葡萄球菌的检测。闫广谋等发明了一种布鲁氏菌抗体免疫胶体金检测试纸条,与虎红平板凝集试验检测阳性的血清符合率为 100%。郭爱珍等发明了牛结核抗体鉴别试纸条,对 200 份临床牛血清进行检测,与结核菌素试验(TST 检测)作比较,总符合率为 75.50%。随着单抗技术和新型聚合物膜材料的发展,免疫胶体金技术特异性将越来越强,灵敏度也将越来越高,在猪细菌性传染病快速检测领域中将大有作为。但免疫胶体金技术的缺点是稳定性不够好,敏感性有待提高,肉眼判定具有一定的主观性。

（三）免疫荧光技术

荧光免疫技术（Fluorescent Immuno Assay，FIA）是标记免疫技术中发展最早的一种，将不影响抗原抗体活性的荧光色素标记在抗体（或抗原）上，与其相应的抗原（或抗体）结合后，利用免疫反应的特异性与荧光素的灵敏性结合，通过荧光测定设备检测特异荧光反应，从而确定抗原抗体含量的方法。时间分辨荧光免疫分析法（Time Resolved Fluoroisnmuno Assay，TRFIA）是自 20 世纪 80 年代以来以荧光免疫技术为基础发展起来的一种新型分析技术，利用了具有独特荧光特性的镧系元素及三价稀土离子的螯合物作为标记物，替代酶、同位素、化学发光物质、普通荧光素，标记抗原抗体待相互作用发生后，测定反应产物中的荧光强度，据此判断反应体系中分析物的浓度，从而达到定性定量分析。它克服了放射性免疫分析法（RIA）中放射性同位素带来的污染问题；克服了酶免疫分析法（EIA）中酶不稳定的缺点；能够很好地消除背景荧光的干扰，具有比普通荧光法（FIA）高出几个数量的灵敏度，使得成为免疫分析中最有发展潜力的一种分析方法。目前已广泛应用于乙型肝炎病毒、流感病毒、风疹病毒、马铃薯病毒、轮状病毒、人类免疫缺陷病毒（HIV）、出血热病毒等的抗原抗体以及某些细菌和寄生虫抗体的检测。顾宏杰建立了产酸克雷伯氏菌 B12 和嗜水气单胞菌 B18 的双抗夹心双标记 TRFIA 法，产酸克雷伯氏菌 B12 的检测限为 1.0×10^4 菌落形成单位（CFU）/毫升，嗜水气单胞菌 B27 的检测限为 6.0×10^4 菌落形成单位（CFU）/毫升，均优于常用的荧光抗体法及 ELISA 法，且特异性好、重复性好，可用于实际样品检测。温恬等以产志贺毒素 Ⅱ（StxⅡ）大肠杆菌（STEC）StxⅡ单克隆抗体 S1D8 包被 96 孔板，采用双功能螯合剂异氰酸苄基二乙烯三胺四乙酸络合 Eu3＋标记 StxⅡ单克隆抗体 S2C4，以 β-二酮体为主的增强液为发光增强系统，建立了 StxⅡ双抗体夹心时间分辨荧光免疫分析法，并对其特异性、检出限、健全性进行评估，结果表明，StxⅡ时间分辨荧光免疫分析法灵敏度高、稳定性好，具有很好的临床应用前景。

（四）镧系高敏荧光免疫分析法

镧系高敏荧光免疫分析法（LFICA）是在时间分辨荧光免疫分析（TRFIA）基础上建立起来的一种超微量快速免疫检测技术，采用镧系元素铕（Eu）作为荧光物质，荧光纳米微球粒径为 $70\sim100$ 纳米，微球表面经过羧基（或氨基）活化处理，易与蛋白或抗体共价耦联并牢固结合，提高了标记物的稳定性和蛋白质的包被量。与传统荧光物质相比，具有独特的荧光光谱特性：Stokes 位移大、激发光谱宽、发射光谱窄和荧光寿命长。该方法通过荧光设备检测克服了胶体金的肉眼主观性，采用镧系元素避免了其他标记物的不稳定性，检测时间仅需十多分钟，同时集合了酶标记技术、放射标记技术和同位素标记技术的优点，具有灵敏度高、特异性强、稳定性好、无污染，且测定范围宽，试剂盒寿命长，操作简单和非放射性等优点，越来越受到各领域科研工作者的关注。王泽洲等已成功建立了检测布鲁氏菌病的抗体镧系高敏荧光免疫分析法，同时还建立了猪瘟、禽流感等病原的镧系高敏荧光免疫分析法。

（五）免疫磁珠分离法

细菌免疫磁珠分离（Immunomagnetic Beads Separation，IMBS）是指将某种细菌特异性抗体与具有超顺磁性、表面能被—OH、—NH_2、—COOH 等基团或者抗体修饰、形成具有很好的生物亲和性的磁珠，经过一定处理后，可将抗体结合在磁珠上，使之成为抗体的载体，磁珠上细菌抗体和特异性抗原物质结合后形成抗原-抗体-磁珠免疫复合物，可将样品中的这种细菌富集起来，在磁场作用下分离磁珠，可使复合物与其他物质分离，而达到分离特异性抗原菌的目的，也可起到浓缩纯化效果。Varshney 等利用基于磁性纳米微粒抗体耦联的 MS 分离牛肉样品中的大肠杆菌 O_{157}：H7，增菌培养 6 小时，检测限为 $8.0\sim80$ CFU/毫升。赵文彬等应用 MS 检测家禽、家畜中大肠杆菌 O_{157}：H7 的感染情况，用传统分离法作对照，结果 MS 检测法能提高灵敏度，检测水平达 2 CFU/克，并缩短检测时间，目前已成功研制出商品化大肠杆菌 O_{157}：H7 免疫磁珠分离检测试剂盒。张蓉蓉等利用表达和纯化胸膜肺炎放线杆菌（APP）中保守的外膜蛋白（OMP）作为抗原制备免疫微球，建立了胸膜肺炎放线杆菌的免疫磁珠检测方法，能检测 14 个血清型，敏感性高达 10.6 CFU/毫升，与 PCR 检测符合率达 100%，并能从人工感染猪的肺和扁桃体中回收到病原，可用于病料中 APP 的分离。免疫磁珠技术具备了固相化试剂特有的优点，并具有特异性强、分离快、效率高和可重复性等特点，所以它在细菌传染病分离、培养和检测等方面应用越来越广泛。

五、分子生物学检测技术

随着现代分子生物技术的快速发展，特别是聚合酶链式反应（PCR）的发明，从细菌表型鉴定分类开始转向分子水平上从核酸、蛋白质等细菌基因型的鉴定和分类上来，从遗传进化角度去认识细菌，从分子水平上建立了很多特异、灵敏、快速、高通量、重复性好、有效而可信的检测方法。目前，应用较多为各种 PCR 方法、PCR 原理衍生的新技术，以及 PCR 和其他技术结合建立的指纹图谱技术、基因芯片技术等。

（一）常规 PCR 方法

聚合酶链式反应（PCR）是利用 DNA 半保留复制原理建立的一种高效的体外扩增基因的方法，可以大量扩增特定的 DNA 序列，是常用的分子生物学技术之一，已广泛应用于细菌的鉴定和诊断，其核心是对待扩增靶基因的选择，一般可选细菌 rRNA 基因、短重复序列、看家基因及毒力相关基因等。

1. 基于细菌 rRNA 基因的 PCR 技术 rDNA 在细菌的进化过程中相对保守，被认为是研究细菌进化和亲缘关系最理想的标尺。16SrDNA 和 23SrDNA 常被用于细菌学鉴定。16SrDNA 基因是细菌上编码 rRNA 相对应的 DNA 序列，存在于所有细菌的基因组中，16SrDNA 具有高度的保守性和特异性以及足够长基因序列（包含约 50 个功能域），以 16SrDNA 为 PCR 靶基因的检测方法已成为病原菌检测和鉴定的常规方法，16SrDNA 基因序列分析已经成为细菌种属鉴定和分类的标准方法，但 16SrDNA 过于保守，对同属菌种的鉴定力较差。23SrDNA 片段大约为 3kb，既具有保守性又有可变性，保守序列分布在基因的不同部位，但也存在类似 16SrDNA 情况，导致应用受到一定限制，一般用于鉴定菌属。16S-23SrDNA 间区（Intergenic Spacer Region，ISR）无特定功能且进化速率高于 16SrDNA 十几倍，被认为是在种和亚种水平上对细菌进行分类和鉴定的合适部位，因此，在病原菌的鉴定和分类方面受到关注。雷晓思等利用 16srRNA 建立了猪附红细胞体 PCR 检测方法，对上海地区 2 个屠宰场 736 份临床猪血进行了检测，证明该方法具有高度敏感性和良好特异性。伍诚意等以 23SrRNA 基因为靶基因，建立了检测胸膜肺炎放线杆菌、副猪嗜血杆菌、多杀性巴氏杆菌等 12 种仔猪常见致病菌的基因芯片方法，灵敏度为 100 飞克，对 33 个参考菌进行检测，结果只有 1 例不正确，对 61 个野外分离株检测符合率 90%，初步证明该方法快速、有效。鲁辛辛等利用 16S-23SrDNA ISR 设计引物进行 PCR 测序，对 15 株链球菌和流感嗜血杆菌进行属、种、型和株系的分类鉴定，表明 ISR 作为细菌分类的目的基因具有特异性与灵敏性。

2. 基于细菌基因组重复序列 PCR 技术 细菌基因组重复序列 PCR 技术（Rep-PCR）是 Versalovic 于 1996 年发明的一种细菌基

因组指纹分析方法，主要是扩增细菌基因组中广泛分布的短重复序列，通过电泳条带比较分析，揭示基因组间的差异。细菌基因组中广泛分布的短重复序列（Repetitive Sequence），包括常用的（GTG）5 序列、REP（Repetitive Extragenic Palindromic，35～40bp，基因外重复回文系列）、ERIC（Enterobaeterial Repetitive Intergenic Consensus，124～127bp，肠杆菌基因间重复一致序列）和 BOX（154bp），这些重复序列分布在细菌基因组上的不同位点并以不同的距离分隔，存在菌株和种、属水平上的差异，但进化过程有相对保守性。如果以细菌的基因组 DNA 作为模板，这些重复序列作为引物进行 PCR，重复序列都是特定的，因此可用来对细菌进行鉴定和多样性研究。REP-PCR 分辨效果好，重复性强，可以大样本进行，操作简单，易建数据库，可实现自动化，因此，发展迅速并被广泛应用于多种细菌分型鉴定。张正芳等建立了 REP-PCR 布鲁氏菌分型技术，对我国 26 个省（直辖市、自治区）具有代表性的 176 株布鲁氏菌流行株进行鉴别，得出我国 20 世纪 50 年代到 21 世纪初期间布鲁氏菌病的疫情动向和流行规律，为我国提出合理的防控措施提供依据。张建梅等应用 Rep-PCR 方法将 45 株沙门菌（其中日常监测菌株 29 株，食物中毒分离菌株 16 株）分为27 个型，可用于沙门菌疫情溯源研究。胡婧用 Rep-PCR 方法分析牛舍环境中不同来源的产肠毒素大肠杆菌和沙门菌的同源性，为两种病的控制与干预提供依据，也为建立牛场养殖环境的监测管理体系提供理论基础。

（二）多重 PCR 方法

多重 PCR 指在同一反应体系中加入两对或多对特异性引物，同时扩增多个目的基因或 DNA 序列。理论上只要条件允许，引物对的数量可以不限，目前最多有扩增 12 条目的片段的记录，主要用于多种病原微生物的同时检测与鉴定。孙学飞等建立了猪呼吸道疾病主要致病菌猪链球菌（SS）、胸膜肺炎放线杆菌（APP）和副猪嗜血杆菌（HPS）的三重 PCR 检测方法，应用于 200 份临床表观健康猪鼻拭子，结果表明特异性和敏感性良好且可在 4.5 小时左右得到检测结果。刘琪等利用猪链球菌荚膜多糖基因簇中的斜基因建立了快速区分猪链球菌 2、7、9 三种血清型的多重 PCR 检测方法，对临床分离的 341 株猪链球菌菌株进行分型鉴定，与血清凝集分型结果进行比较，符合率为 97.36%，可用于实验室的快速诊断以及猪链球菌的流行病学调查。薛云等建立了猪呼吸道病原菌 5 重 PCR 方法，用于快速检测猪胸膜肺炎放线杆菌（App）、副猪嗜血杆菌（Hps）、支气管败血波氏杆菌（Bb）、产毒性多杀巴氏杆菌（T+Pm）和猪肺炎支原体（Mhp），对华中地区 269 份临床样本检测结果表明，该多重 PCR 方法可用于猪呼吸道病原菌单一或混合感染的鉴别诊断及病原流行病学调查。多重 PCR 方法优点在于节省试剂和时间，且减少污染的机会。目前，已经建立了多种猪细菌病、细菌病与病毒病、病毒病的多重 PCR 方法，并制备成商品化的试剂盒用于临床。

（三）实时荧光定量 PCR 方法

荧光定量 PCR 是通过荧光染料或荧光标记的特异性的探针，对 PCR 产物进行标记跟踪，实时在线监控反应过程，通过软件对待测样品进行定量分析。它结合了常规 PCR 技术的核酸扩增高效性、探针技术的高特异性，光谱技术的高敏感性和高精确定量等多种优点，已成为病原检测的热点技术。目前，已经建立了副猪嗜血杆菌、猪传染性胸膜肺炎放线杆菌、沙门菌、猪链球菌、猪巴氏杆菌、猪丹毒丝菌、猪支原体、猪附红细胞体、猪流产衣原体、猪痢疾短螺旋体、胞内劳森菌等几乎所有猪细菌性传染病的荧光定量 PCR 检测方法，且已经有多种研发为商品化诊断试剂盒并成为当前主流产品。实时荧光 PCR 及其衍生方法具有独特的优势和应用价值，迅速发展并被广泛应用于生命科学如基础科学研究、临床疾病诊断、疾病研究、药物开发等多个核心领域。

（四）环介导等温扩增（LAMP）技术

环介导等温扩增（Loop-mediated Isothermal Amplification，LAMP）技术是由日本学者 Notomi 于 2000 年开发的一种新型的恒温核酸扩增方法，它是针对靶基因 6 个不同区域设计 4 条特异性的引物，再使用一种具有链置换活性的 DNA 聚合酶（Bst DNA polymerase），在恒温的条件下（65℃左右）反应 30～60 分钟，可扩增 10^9～10^{10} copies 的靶序列，还可增加 2 条环引物增加反应的扩增速率，结果可通过浊度或荧光直接进行可视化判断。与普通 PCR 相比，LAMP 省去了高温变性过程，结果实现了肉眼观察，节省时间，降低了使用同位素的污染，还可实现高通量检测，在特异性、灵敏度及检测范围上优于常规 PCR 方法。目前 LAMP 已成功应用于霍乱弧菌、链球菌、炭疽芽孢杆菌、沙门菌、大肠杆菌、金黄色葡萄球菌等多种细菌性病原微生物检测。罗露等根据胞内劳森氏菌 AM18025.2.1 基因设计引物建立了环介导等温扩增方法，检出拷贝数为 10、临床检测来自规模化养猪场的 114 份粪便样本，与 FIRST test 试剂盒比对符合率为 92.4%，表明建立的胞内劳森氏菌 LAMP 方法适用于实验室和现场快速检测。侯魁等以副猪嗜血杆菌（HPS）16SrRNA 保守区域片段为靶序列建立了 HPS 的 LAMP 方法，最低检出量为 0.241 皮克/微升 DNA，是 PCR 法的 100 倍。蔡树东等根据大肠杆菌肠毒素（LT1、ST1、ST2）基因、菌毛（K88、K99、987P）基因、毒力岛（HPI、ETT2、LEE）基因序列设计引物，分别建立了检测肠毒素基因型、菌毛基因型和毒力岛基因型大肠杆菌的 LAMP 方法，特异性高，与其他测试菌无交叉反应，灵敏性显著高于常规 PCR 方法，用于临床 117 份新生仔猪腹泻病料进行检测，可以区分不同型大肠杆菌感染，为基层大肠杆菌的快速检测提供了新的技术平台。Song 等建立的布鲁氏菌 LAMP 检测方法对 4 种布鲁氏菌和 29 株非布鲁氏菌进行检测,结果表明,该该方法不仅特异性强,而且其最低检测限低至 3.81 CFU/毫升。随着生物技术的不断发展,近年将 LAMP 与其他技术进行联合应用,研发出多种高效的检测方法,实现病原菌高通量的检测,在人、畜等病原生物检测领域具有广阔的应用前景。Wang 等成功将 LAMP 与免疫磁珠技术相结合用于监测耐甲氧西林金黄色葡萄球菌。Ravan 等将 LAMP 技术和酶联免疫吸附试验技术结合,建立了检测沙门菌血清组 D/A 的检测方法,结果表明,其检测限可达 4CFU/毫升。Seetang-Num 等联合应用纳米金颗粒标记 DNA 探针和 LAMP 检测白斑综合征病毒(WSSV),使得检测限低至 200 拷贝。翁琳等将 LAMP 技术与基因芯片联合应用检测肺炎衣原体,结果表明结合的方法具有更高灵敏性和特异性,可快速准确地检测肺炎衣原体。王瑞娜等将 LAMP 与侧流试纸检测技术(LAMP-LFD)结合,建立了一种可用于单核细胞增生李斯特菌检测的方法。

(五)夹心 DNA 杂交技术(DNAH)

核酸分子杂交技术是将已知核苷酸序列的 DNA 或 RNA 片段用辣根过氧化物酶(HRP)或其他方法标记,构成的核酸探针与被检的 RNA 或 DNA 单链按照碱基互补配对原则,在一定条件下形成杂交双链,最终达到检测目标 RNA 或 DNA 的目的。夹心 DNA 杂交技术(Sandwich DNA hybridization assay,DNAH)是 2007 年由美国 NEOGEN 公司开发的一种核酸分子杂交技术,该技术基于自发性的 DNA 杂交反应,DNA 探针与单链 rRNA 发生特异性的结合,通过两条特异性探针共同捕获目标病原菌,可通过肉眼直接判定杂交结果,操作步骤类似于 ELISA,样品处理简单、无需提核酸、无需酶促反应、特异性强、敏感性高、降低了假阳性和假阴性率等特点，适合用于基层大批量的病原菌检测工作。刘亚娟等分别建立了猪传染性胸膜肺炎放线杆菌（APP）、副猪嗜血杆菌（HPS）、沙门菌的夹心DNA杂交检测方法，仅沙门菌与三种不同血清型有杂交反应外，其余两种非常特异，最低检测限分别为0.46 CFU/毫升、0.31 CFU/毫升和1.2 CFU/毫升，变异系数均在10％～23％之间；将建立的方法进行临床应用，分别对临床疑似样品进行检测，并与SN/T 1447—2011标准中APP套式PCR检测方法、NY/T 2417—2013标准中HPS的PCR检测方法以及SN/T 1869—2007标准中沙门菌的PCR检测方法进行比对，结果：与APP阳性符合率100％，比其他两种标准阳性检出率高，且三种检测时间大幅缩短，具有较高的特异性、敏感性和稳定性，可实现对单个病原菌感染的样品进行快速准确的鉴别。

（六）随机扩增多态性DNA技术（RAPD）

随机扩增多态性DNA（Random Amplified Polymorphic DNA，RAPD）是一种DNA指纹多态性分析技术，其理论依据是不同的基因组中与随机引物匹配的碱基序列的位点和数目可能不同，利用一系列短随机寡聚核苷酸片段为引物，对所研究基因组DNA进行PCR扩增进而产生一系列片段（物种特异性的DNA带谱），根据这些片段的数量、大小等对不同的分离物进行分类鉴定。它具有特异性强、操作简便、快速等特点，弥补了普通PCR方法只能应用于已知DNA序列的缺陷。因此RAPD技术可用于细菌种间、亚种间乃至株间的亲缘关系分析，未知菌株的快速鉴定和流行病学调查等。目前，已成功应用于铜绿色假单胞菌、肺炎克雷伯菌、嗜麦芽假单胞菌、阴沟肠杆菌、鲍曼不动杆菌、金黄色葡萄球菌等细菌的分析。刘博涛等开展河南省洛阳和甘肃省兰州猪链球菌病流行病学调查时，建立了猪链球菌RAPD方法进行基因分型，将从屠宰场791份猪鼻液和颌下淋巴结样品中分离的13株链球菌分为 8 个聚类群，表明 RAPD 方法是分子流行病学调查非常有用的工具。陈婷等建立了单增李斯特菌的 RAPD-PCR 方法，用于分离株分型以及鉴别其他菌株，用于快速检测农副产品中单增李斯特菌，保障肉奶等食品安全。

（七）基因芯片技术

基因芯片是生物技术与电子芯片融合的结晶，通过将一系列核酸探针以微列阵固定于支持物上，通过碱基互补配对原则与标记的靶基因杂交，再对杂交信号进行扫描分析，通过计算机软件对信号综合处理，就可获取样品的遗传信息或分子数量，可快速、准确对病原进行鉴定，并实现高通量、多病原的检测和分析，还可用于细菌的多种耐药基因检测，基因芯片的高度并行性、多样性、微型性和自动化等特点使其在生物医学各领域具有广阔的应用前景。程亚楼等以 16-23S rRNA 基因为靶基因，建立了 6 种猪常见致病菌（多杀性巴氏杆菌、猪大肠杆菌、胸膜肺炎放线杆菌、副猪嗜血杆菌、金黄色葡萄球菌、猪链球菌）的基因芯片检测技术平台，能快速、有效地鉴定这几种猪常见致病菌。刘玲玲等利用猪链球菌 2 型的cps2J 基因设计引物和探针用 Cy3 进行标记成功制备了猪链球菌 2 型基因芯片。刘芳等针对细菌 62 个抗生素耐药基因建立了高通量筛选常见抗生素耐药基因的检测芯片，并对临床 743 株分离菌携带的耐药基因进行检测，与传统药敏试验比对，该方法只需 7 小时，且灵敏度和准确性均较高。但由于基因芯片研究成本相对较高，样品制备和标记繁琐，特异性稳定性重复性还需提高，检测仪器的研制和开发还有一定难度等，限制了该技术在动物疫病诊断上的应用和普及。

六、即时检测（POCT）技术

随着人们对疫病检测快速方便的需要，生物、纳米、计算机等多技术融合的即时检测设备（Point of Care Testing，POCT）被开发出来，实现了适用于现场的小型、即时、简易的检测手段，正向着微型化、微量化、自动化、信息化、智能化的技术平台发展。POCT 实现在圈栏旁即刻进行分析，在初步有临床判断时即可展开检测，将最大限度地帮助临床兽医，甚至不需要专业检验人员，有着常规大型仪器不具备的时间、空间优势，可以弥补紧急情况、贫困地区、无合格实验室地区的不足。如成都微瑞生物科技有限公司为镧系高敏荧光免疫分析法研制的 Wellray® WR-1608 荧光仪，是目前世界上最小荧光检测仪，随身携带，操作简单，克服了酶标仪的系统误差和运行偏差，不受操作人员的影响，可在养殖现场随时使用。POCT 技术应用在国外已形成一定的规模，但国内应用较晚，特别是在兽医行业才刚刚起步。随着免疫标记技术、干化学法、多层涂膜技术、微流控技术、红外和远红外分光光度法、选择性电极技术、生物传感器、生物芯片、微型显微镜成像模糊识别技术以及互联网加、大数据、云技术等的发展，在不久的将来 POCT 将成为检测诊断领域的佼佼者。

随着科学技术日新月异，猪细菌性传染病的检测方法不断发展，新型检测仪器设备也不断更新，在免疫学、分子生物学等方面都有较大突破，很多方法不仅实现了对病原菌的准确鉴定，而且在灵敏度、特异性、时效性和实用性方面都有很大提升。但是由于各种诊断技术有各自特点和适用范围，且都存在一定局限性，在实际运用中需要选择相应的检测方法以达到不同目的。以监测诊断为目的的选择原则通常是以简便、敏感性高的方法进行初筛，以防漏检；以特异性高的方法进行确诊，以剔除非特异性。准确有效仍然是猪细菌性传染病检测技术发展的目标，而灵敏、快速、简便、智能、经济同样是检测技术的发展方向，相信，将来会研发出更先进的技术应用到猪细菌性传染病的诊断和防治中，并在猪病的预防控制中发挥更加积极的作用。

第三节 猪细菌性传染病疫苗研究进展

我国是世界养猪大国，大部分区域都有家猪分布，但猪的细菌病一直困扰着养猪业的发展。猪细菌性疾病往往发病急且不易根治，容易反复发作，对其防治需要消耗大量的人力、物力和财力。引起猪细菌病的主要病原菌包括猪链球菌、致病性大肠杆菌、沙门菌、副猪嗜血杆菌、猪丹毒、猪肺炎支原体和传染性胸膜肺炎放线杆菌等，并且不同种类的细菌引起的症状也不尽相同。

目前，对猪细菌性疾病的预防和治疗仍主要采用抗生素疗法。但是由于长期大量的滥用抗菌药物，导致耐药菌株的不断增多，疾病得不到有效防控，造成猪场的某些细菌性疫病无药可治，甚至导致细菌性疾病的暴发。为了综合防控猪细菌性疾病的感染，应该采取以预防为主、药物治疗为辅的方针。众所周知，疫苗在疫病的防控方面发挥着重要的作用，选择安全、高效、针对性强的疫苗对动物进行免疫接种，可使得动物产生高水平的抗体来抵御细菌病的感染，从而达到预防和控制疫病的目的。目前兽医上应用的细菌疫苗大多是灭活苗和弱毒苗。虽然它们对家畜有一定保护作用，但某些疫苗的效果并不理想，因此仍需开发高效的新型疫苗。近年来基因工程、蛋白质工程以及免疫学的迅速发展为新型疫苗的研制提供了条件，目前已有一些基因工程疫苗取得许可证，另有一些还处于实验阶段。最理想的疫苗应取得 100％ 的保护率，但这较难实现。较理想的疫苗应在免疫后的几周内，无需再免疫便可取得 90％ 以上的保护。这不仅可以减少重复免疫的成本，而且显著降低环境中病原菌的数量。理想疫苗的另一个特点是成本核算低，这一点也很重要。最近的疫苗研究方向主要集中在基因工程疫苗上。高效、安全、稳定、成本低是疫苗开发的重点。本书主要对猪主要细菌性传染病疫苗的研究情况做一简述。

一、灭活疫苗

灭活疫苗是把病原菌经过物理或化学等方法灭活后制成，不仅保留了其抗原性，而且没有致病力。灭活疫苗由于在动物体内接种后不能繁殖，因此使用剂量较大，保护期相对较短，通常需要加入免疫佐剂来提高其免疫效果。灭活疫苗常需要多次接种，往往仅使用 1 次不能很好地产生具有保护作用的免疫水平，仅仅是"初始化"免疫系统，必须进行第 2 次免疫接种才能产生高水平的免疫保护。灭活疫苗作为传统的疫苗，由于其具有研制周期短，使用安全可靠，易于保存等优点，至今仍在生产实践中广泛应用。

有研究报道，为使菌苗能达到更好的保护效果，挑选目前具有代表性的、流行的优势毒株作为疫苗候选株，研制多价灭活疫苗，用于不同区域的免疫预防，这可有效解决不同血清群之间交叉保护力差等缺点。如猪链球菌、副猪嗜血杆菌和猪传染性胸膜肺炎，其血清型众多，且交叉保护力较差，目前疫苗的研究重点就是制备多价疫苗，不仅针对性强，而且安全有效，免疫效果确切。王建以马链球菌兽疫亚种 ATCC35246 株和猪链球菌 2 型 HA9801 株作为疫苗候选株所制备的二联灭活疫苗，免疫保护率达到 100％。2005年，四川暴发人感染猪 2 型链球菌病疫情，广东永顺生物制药股份有限公司所研制和生产的猪 2 型链球菌灭活疫苗，应用效果良好，有效地控制了疫情的扩散。蔡旭旺等（2006）通过对副猪嗜血杆菌分离株 MD0332（血清 4 型）和 SH0165 株（血清 5 型）制备成灭活疫苗，结果保护率达到 80％以上。Martin 等（2009）研究证明，用副猪嗜血杆菌分离株 2 型、4 型和 5 型制备的灭活疫苗，可有效抵抗血清 5 型副猪嗜血杆菌的感染，提供 100％保护，并显著减轻临床症状，降低死亡率和病原菌的持续存在。逯忠新等（2002）以国内多发的猪传染性胸膜肺炎（APP）血清 1、3 和 7 型强毒株作为制苗菌株，制成油佐剂三价灭活苗。经效力试验，对上述 3 种血清型强毒攻击的保护率分别为 88.8％、88.8％和 100％，除个别猪出现轻微体温反应及减食外，其他猪都表现出较好的安全性。Villarreal I 等（2012）发现 5 种猪支原体肺炎（Mhp）灭活疫苗均能提高 Mhp 的特异性抗体水平，但肺部结缔组织肉变指数相比对照组差异不显著，说明灭活疫苗以体液免疫为主。Kich A R 等（2011）发现，Mhp 灭活疫苗可抑制肿瘤坏死因子的浓度，降低肺部炎症病变程度，减少肺部损失，不过其对外周血免疫细胞的比例及凋亡的影响较低，说明 Mhp 灭活疫苗所产生的细胞免疫应答十分有限。

目前我国常用的猪细菌性灭活疫苗有：副猪嗜血杆菌病灭活疫苗（4 型＋5 型）、副猪嗜血杆菌病二价灭活疫苗（4 型＋5 型）、副猪嗜血杆菌病灭活疫苗（1 型＋5 型）、副猪嗜血杆菌病四价蜂胶灭活疫苗（4 型＋5 型＋12 型＋13 型）、猪链球菌病、副猪嗜血杆菌病二联灭活疫苗（4 型＋5 型）、猪链球菌病 2 型灭活疫苗、仔猪大肠埃希氏菌病三价灭活疫苗（k88＋k99＋987P）、仔猪水肿病灭活疫苗（O138＋O139＋O141-K88）、仔猪大肠杆菌病基因工程灭活疫苗（K88＋ST＋LTB）、猪丹毒灭活疫苗、猪丹毒-多杀性巴氏杆菌病二联灭活疫苗、猪多杀性巴氏杆菌病灭活疫苗、猪链球菌病灭活疫苗（马链球菌兽疫亚种＋猪链球菌 2 型）、猪链球菌病蜂胶灭活疫苗（马链球菌兽疫亚种＋猪链球菌 2 型）、猪链球菌病灭活疫苗（马链球菌兽疫亚种＋猪链球菌 2 型＋猪链球菌 7 型）、猪链球菌病、副猪嗜血杆菌病二联灭活疫苗（LT 株＋MDO322 株＋SHO165 株）等。

国外猪细菌性灭活疫苗产品还有：胸膜肺炎放线杆菌-支气管炎博德特菌-猪红斑丹毒丝菌-副猪嗜血杆菌-多杀巴斯德菌五联灭活疫苗、胸膜肺炎放线杆菌-副猪嗜血杆菌-多杀巴斯德菌三联灭活疫苗、胸膜肺炎放线杆菌-副猪嗜血杆菌-多杀巴斯德菌三联灭活疫苗、胸膜肺炎放线杆菌-多杀巴斯德菌二联灭活疫苗、支气管炎博德特菌-产气荚膜梭菌 C 型-红斑丹毒丝菌-大肠杆菌-多杀巴斯德菌五联灭活疫苗＋类毒素、支气管炎博德特菌-猪红斑丹毒丝菌-副猪嗜血杆菌-多杀巴斯德菌四联灭活疫苗＋类毒素、支气管炎博德特菌-猪红斑丹毒丝菌-多杀巴斯德菌三联灭活疫苗＋类毒素、支气管炎博德特菌-多杀巴斯德菌二联灭活疫苗＋类毒素、仔猪 C 型产气荚膜梭菌病、大肠杆菌病二联灭活疫苗（K88＋K99＋987P＋F41＋LTB）、副猪嗜血杆菌病灭活疫苗（1 型＋6 型）、副猪嗜血杆菌病灭活疫苗（Z1517 株）等。

二、活（弱毒）疫苗

目前，市场上常见的活疫苗大多为弱毒疫苗。弱毒疫苗是一种病原致病力减弱，但仍保持原有的免疫原性（抗原性），也就是人工致弱或自然筛选的弱毒菌株，经特定的条件培养后制备而成的疫苗。该疫苗的优点是病原可在免疫接种动物体内繁殖，且用量小，免疫原性好，免疫期长，使用方便以及不影响动物产品的品质等。而缺点是弱毒菌株的毒力易返强，容易散毒，并可能对一些极易感动物存在一定的危险性，由于其运输和贮存受一定条件的限制，而且保存期相对较短，因此将其做成冻干弱毒疫苗可延长疫苗的保存期。

高云飞等（2001）用 ST171 弱毒菌种制备而成的猪链球菌活疫苗，经动物攻毒保护试验证明免疫保护力为 9/12（75％），经过安全和效力试验等证明，具有良好的免疫原性和保护力。苏丹萍等（2012）根据分离得到的不同血清型的副猪嗜血杆菌，选择毒力强、生长性能和毒力都稳定的菌株作为原始毒株。通过化学诱导剂诱导原始菌株发生突变，再经毒力试验，挑选出毒力有明显减弱的菌株。安全性试验发现，这些减毒菌株具有很好的安全性，为弱毒疫苗的研制奠定基础。江苏省农业科学院兽医研究所于 2007 年成功研制的猪 Mhp168 株弱毒疫苗，采用肺内注射。在 5 至 7 日龄猪免疫后，便能突破母源抗体限制，激发机体产生细胞免疫和黏膜免疫。Mhp 株弱毒疫苗能提高分泌型免疫球蛋白 A 和 γ 干扰素的浓度，降低肺部炎症反应。郑福荣等（1992）利用培养出来的猪丹毒 G370 弱毒疫苗，对猪进行口服免疫，结果表明免疫猪没有任何临床症状及体温反应，用强毒株 C43-2、C43-5 和 C43-7 进行攻毒也没有出现异常，说明口服 G370 弱毒株具有很好的安全性，且免疫保护力较高。

我国常用的猪细菌性弱毒活疫苗有：猪喘气病弱毒活疫苗、猪败血性链球菌病活疫苗（ST171 株）、猪多杀性巴氏杆菌病活疫苗、仔猪副伤寒活疫苗、仔猪副伤寒耐热保护剂活疫苗、猪丹毒活疫苗、猪瘟-猪丹毒-猪多杀性巴氏杆菌病三联活疫苗等。

国外猪细菌性弱毒活疫苗有：副猪嗜血杆菌（无毒）活疫苗、大肠杆菌活疫苗、猪霍乱沙门菌活疫苗、猪霍乱沙门菌活疫苗-鼠伤寒二联活疫苗、红斑丹毒丝菌（无毒）活疫苗等。

三、生物技术疫苗

生物技术疫苗是利用生物技术而制备的分子水平的疫苗，包括基因工程亚单位疫苗、基因工程活载体疫苗、基因缺失疫苗及 DNA 疫苗等。目前研究主要集中在对致病菌的一些具有免疫原性的蛋白进行基因分析、重组和表达，进而对其免疫原性进行检测分析，从而筛选出疫苗的候选毒株，以期制备出能够对致病菌具有积极防控作用的基因工程疫苗。目前我国细菌性基因工程疫苗有仔猪大肠杆菌基因工程灭活疫苗（K88ac＋ST1＋LTB）、仔猪大肠杆菌病 K88、K99 双价基因工程灭活疫苗、仔猪大肠杆菌病基因工程疫苗（GE-3 株）等。

（一）亚单位疫苗

Wisselink H J 等（2001）报道，用亲和层析法提取猪链球菌 2

型的溶菌酶释放蛋白（MRP）和细胞外蛋白（EF），制备亚单位油乳剂疫苗，并测定其免疫效果。分别在 3 周龄和 6 周龄免疫 1 次，8 周龄时用同源或异源的猪链球菌攻毒。结果显示，该亚单位疫苗能有效保护猪链球菌 2 型的感染，免疫效果与全细菌油苗相同。刘丽娜等（2008）利用基因工程手段所获得的纯化重组纤连蛋白结合蛋白免疫小鼠，间接 ELISA 检测鼠抗血清效价，结果证实纤连蛋白结合蛋白能刺激小鼠产生强大的体液免疫，说明纤连蛋白结合蛋白确实具有很好的免疫原性，并且不同分离株的纤连蛋白结合蛋白基因同源性很高，氨基酸序列保守，符合作为猪链球菌疫苗保护抗原的条件。李建军等（2012）对血清 5 型副猪嗜血杆菌的 TbpA 蛋白做了免疫原性分析，结果发现，体外表达的 TbpA 蛋白可使小鼠产生高效价的抗体，具有很好的免疫及反应原性，为亚单位疫苗的研制奠定基础。Lee S H 等（2014）将 APP 的 ApxⅢ的 N 末端与猪肺炎支原体 Ap97 黏附素的 R1 和 R2 重复片段融合表达，称为蛋白 Ap97，制成疫苗免疫动物获得很好的保护效果。赵建平等（2013）构建副猪嗜血杆菌-猪霍乱沙门菌重组疫苗菌 C501（06257）、C501（HbpB）及 C501（PaLA），通过副猪嗜血杆菌-猪霍乱沙门菌二联基因工程疫苗对小鼠进行免疫效力评价试验。结果表明，对副猪嗜血杆菌强毒株和猪霍乱沙门菌强毒株的攻毒均能提供较好的保护力。Okamba 等（2010）构建了 Mhp P97 重组复制缺陷型腺病毒（rAdP97c）亚单位疫苗，鼻腔接种后发现其能够引起机体强烈的体液和细胞免疫，产生高水平的特异性 IgG 和 IgA 抗体，显著减少炎症反应的强度和支原体的数量。

（二）DNA 疫苗

付书林等（2013）构建了能够表达 GAPDH 蛋白的 DNA 疫苗pCgap。研究结果表明，其对副猪嗜血杆菌血清 4 型和血清 5 型的攻毒保护率分别为 83.3% 和 50%。副猪嗜血杆菌 gapA 基因相当保守，在15个血清型菌株广泛存在。因此，该DNA疫苗有可能对所有致病性血清型的副猪嗜血杆菌都能提供免疫保护。彭娟（2011）研究表明，构建的重组质粒pIRES-ApxⅠA-O能够刺激诱导小鼠的体液和细胞免疫反应，双基因表达的核酸疫苗比单基因表达的核酸疫苗免疫效果更明显。

（三）基因缺失疫苗

Mass等（2006）在Tonpitak（2002）构建的血清2型APP弱毒疫苗的基础上，进一步缺失一系列毒力相关基因，获得致弱的6基因缺失弱毒疫苗。该弱毒疫苗可在下呼吸道克隆并诱导出可检测的免疫应答，并使免疫后的动物对异源血清9型APP的攻毒具有保护作用。Bei等（2007）构建了APP ApxⅡC基因缺失弱毒疫苗株HB04C⁻，该菌株安全性好，通过肌内注射和鼻内接种均能诱导相似的免疫保护率，同时证明诱导的免疫反应能抵抗相同或不同血清型APP毒株的攻击，对血清7型的保护率达到100%，而对血清1型的保护率达到83.3%。Fu等（2013）研究发现，胸膜肺炎放线杆菌血清1型三基因缺失突变株SLW05（ΔapxⅠC Δapx ⅡC ΔapxⅣC）能对血清4型和5型的副猪嗜血杆菌攻毒提供较高的免疫保护作用。这也是首次报道胸膜肺炎放线杆菌的疫苗能够对副猪嗜血杆菌提供不同血清型的交叉保护。Hur和Lee等（2012）给怀孕母猪口服减毒鼠沙门菌（Δlon，Δcpx）基因缺失疫苗，在仔猪1周龄攻毒，接种疫苗的母猪后代的临川症状和排毒都有所减轻。结果还显示，想要完全保护仔猪需要母猪和仔猪都接种疫苗。

（四）基因工程活载体疫苗

活载体疫苗主要是当今与未来疫苗研究和开发的主要方向之一。这种疫苗兼有常规活疫苗和灭活菌苗的特点，具有活菌苗的免疫效力高、成本低，以及灭活菌苗的安全性好等优点。马有智等（2005）报道，把猪链球菌溶血素基因克隆原核表达载体，再将重组质粒导入减毒鼠伤寒沙门菌。结果证明，该减毒株相对安全，能在宿主菌中表达。Shin 等（2005）研究发现，携带 ApxⅠA 重组表达载体的酿酒酵母通过口服途径免疫小鼠，有效诱导黏膜免疫和系统免疫，并提供有效的免疫保护。

四、口服疫苗

口服疫苗是通过口服（饮水或采食）而使动物在胃肠道黏膜产生局部免疫应答，进而获得全身性保护的疫苗。目前口服疫苗研制的进展不是很快，免疫效果十分满意的疫苗并不是很多。关键问题是疫苗有效成分在胃中被胃酸和蛋白酶破坏及疫苗在体内停留时间短，降解快，不能很好地刺激机体的黏膜免疫应答。目前已有人尝试将疫苗包被于微胶囊内或微球载体上，以减少疫苗的破坏和降低降解速度，延缓疫苗释放，从而更好地发挥功效。Liao 等（2001）利用乙基纤维素包覆技术，将灭活后血清 1 型 APP 包覆于微胶囊中，将这种肠溶性微胶囊口服疫苗以灌胃方式接种小鼠，然后进行抗体分析，结果发现小肠产生了很高的黏膜 IgA 抗体，但相对于灭活苗，其产生的 IgG 抗体较低。随后，Liao 等（2003）利用猪和小鼠对这种疫苗的保护性作进一步研究，并与细菌灭活疫苗进行对比。结果发现调整免疫剂量和时间后，微胶囊口服疫苗所产生的抗体和黏膜 IgA 抗体均高于灭活疫苗，且同型 APP 攻毒后产生的保护效果也较好。

五、疫苗佐剂

除了菌株的抗原含量和免疫源性以外，疫苗的佐剂对细菌灭活疫苗（或基因工程疫苗）的免疫效力也很有很大的影响，主要表现为三方面的作用：一是增强免疫反应的高效性和持久性，提高保护能力；二是提高免疫应答水平，降低年龄、健康程度或治疗方法等造成的不良影响；三是减少抗原的剂量和免疫次数。另一方面，不同的佐剂制成的疫苗刺激动物机体产生的抗体应答水平和时间也有所不同。传统兽用疫苗中常用佐剂有铝盐佐剂和油佐剂。铝盐佐剂虽然应用最为广泛，但同高纯度的小分子蛋白抗原共同使用不能引起足够的抗体反应；而油佐剂虽然缓释效果好，但是易引起注射部位发炎、溃疡和肉芽肿，且不易吸收。目前，随着基因工程亚单位疫苗和 DNA 疫苗研究的深入，高纯度新型疫苗的生产技术得到不断突破，但其抗原常常不能诱导较强的免疫应答，因此，需要合适的新型佐剂来与之配合使用。

目前，一些新型的佐剂主要包括纳米粒子佐剂、天然来源佐剂（蜂胶、多糖）、脂质体和细胞因子（粒细胞-巨噬细胞集落刺激因子、白介素 12、白介素 1）等。经过多次研究发现，纳米粒子佐剂不仅能有效提升细胞的免疫性，而且可使机体产生高水平的体液免疫，以及诱导黏膜免疫相关单位用致病性马链球菌兽疫亚种（猪链球菌 c 群）BHZZ-L1 株和猪链球菌 2 型 BHZZ-L4 株，加入蜂胶佐剂混合乳化制成的猪链球菌蜂胶灭活疫苗，被批准为三类新兽药。赵恒章等（2008）以油乳剂、蜂胶和铝胶为佐剂制备的巴氏杆菌灭活疫苗。结果发现，蜂胶疫苗效果确切，保护期与油苗相当，且抗体水平上升速度比油苗快。谢勇等（2007）研究发现，以壳聚糖为佐剂的幽门螺旋杆菌蛋白抗原对幽门螺旋杆菌感染具有免疫保护作用，可促进 TH2 细胞因子分泌，且与 CT 有协同作用，林树乾等（2006）发现黄芪多糖与金黄色葡萄球菌灭活疫苗联用后可显著提高血清抗体水平，且维持时间更长。Staruch MJ 等（1983）报道细胞因子可作为免疫佐剂。目前，研究较多的有白细胞介素（IL）和干扰素（IFN）。细胞因子可调节细胞的增殖分化，并对细胞发挥重要作用，针对糖蛋白或多肽，具有诱导性作用，可发挥其良好的免疫效果，同时也能加强对细菌的抵抗力等。

猪细菌性传染病传播广泛，难以根治，并且常呈季节性发生。此外，抗菌药的不合理使用，甚至滥用，使得由于耐药菌株引起的治疗失败案例和死亡率不断攀升。目前，我国猪细菌性传染病主要以混合感染为主，增加了治疗难度。因此，做好预防工作，科学地接种疫苗，提高猪群的整体免疫力是防控我国猪细菌性传染病的关键。

接种疫苗虽然可降低细菌病的感染率，减少动物感染细菌病的风险，但是，目前市面上被公认的细菌性疫苗的种类仍较少。因此，需要更多的新型疫苗来防控日益复杂多变的细菌性疾病。从目前的研究情况来看，应用分子生物学技术和基因工程疫苗已成为新型动物疫苗研制的主流。深入研究猪主要细菌性传染病的病原学特性、传播机制以及不同区域的流行病学特征，将会为新型疫苗的研制提供理论依据，从而更有利于猪细菌性传染病的预防和控制。

第四节　猪细菌性传染病药物防治研究进展

长期以来，在我国的养猪生产过程中，无论是饲料、饮水，还是疾病防控中都大量、不合理地使用抗生素，已产生了严重的后果。不仅导致猪细菌性病原的耐药性非常严重，细菌性疾病的问题越来越复杂，而且造成了严重的药物残留，威胁着动物食品安全和人类健康，已引起相关部门和业内的高度重视。针对目前的细菌性疾病问题，首先必须解决当前养猪过程中滥用抗生素的问题。除了科学合理的使用抗生素以外，最根本的办法加强生物安全体系建设，大力提倡使用新型的抗菌药物，少用或不用抗生素，以防止"超级耐药细菌"的泛滥与药物残留的发生，确保动物食品的安全和人类健康。简单来说，新型抗菌药物具有药效好、无残留，无抗药性等特点，是目前及未来猪细菌性疾病药物防控的主要方向。本书主要就当前猪细菌性传染病防治中使用的新型抗菌药物做介绍。

一、生物工程抗菌药物

生物工程抗菌药物，主要通过调节动物机体的免疫机能，激发宿主自身的防御能力，提高其非特异性免疫力。具有抗菌、抗病毒、抗应激和抗肿瘤等作用，使得患病动物逐渐恢复正常的生理机能，从而达到预防和治疗疾病的目的，临床效果十分显著。

（一）抗菌肽

抗菌肽是由生物体内免疫系统所产生的，具有抵抗外界微生物侵害，消除体内突变细胞的一类小分子碱性多肽，也是生物体天然免疫系统的重要组成部分。抗菌肽广泛存在于细菌、病毒、植物、无脊椎动物和脊椎动物等物种之中，来源十分广泛，目前已分离到2000多种抗菌肽。抗菌肽具有抗细菌、抗病毒、抗肿瘤、抗应激以及调节免疫等功能，并表现出抗菌谱广、无毒副作用、不产生耐药性、无残留及安全无污染等特点。

抗菌肽对113种以上革兰氏阳性菌及阴性菌均有杀灭作用。抗菌肽分子在正常生理 pH 条件下常带一定正电荷，易与细菌细胞膜质膜磷脂分子上的负电荷形成静电吸附作用，扰乱质膜上蛋白质和脂质原有的排序，导致细胞壁结构发生变性，细胞膜通透性增高，使胞外大量水分内流和胞内大量内容物外流，最终细菌不能保持正常渗透压而死亡；也能通过抑制细菌细胞壁的合成，使细菌不能维持正常的细胞形态而生长受阻，并造成细胞壁穿孔，导致细胞死亡；还能通过干扰编码菌体细胞外膜蛋白的基因转录，使蛋白的含量减少，细胞的生长受到抑制。

Ande 等（2009）对14株金黄色葡萄球菌和肺炎链球菌（包括耐甲氧西林金黄色葡萄球菌 MRSA 和耐青霉素的肺炎链球菌 FR-SP）进行抑菌试验。研究结果显示，抗菌肽 NZ2114 的杀菌活性

（MIC）比真菌防御素 Plectasin 强 30 倍，而且具有较长的抗生素后效应（PAE）、低溶血性、低细胞毒性、长半衰期和血清稳定性等特点，具有开发为新一代抗菌药物的潜力。黄茂侠（2011）报道，仔猪基础日粮中添加 0.2％的抗菌肽可显著降低仔猪腹泻率、腹泻频率和腹泻指数，分别是 18.42％、1.7％和 0.1％；而添加量达到 0.6％和 0.8％的抗菌肽制剂可明显降低仔猪腹泻，效果要优于添加阿莫西林组。黄木家等（2011）应用 2％的抗菌肽制剂替代仔猪教槽料中的血浆蛋白粉。结果发现，仔猪的腹泻率明显下降，有效缓解了仔猪断奶综合征，提高了仔猪的健康水平。谢海伟等（2008）研究鲎素抗菌肽分别对猪致病性大肠杆菌、伤寒沙门菌和金黄色葡萄球菌的细胞形态的影响。结果表明，鲎素抗菌肽可以使猪致病性大肠杆菌、伤寒沙门菌的细胞壁破坏而将其杀死，而对金黄色葡萄球菌则是直接穿过细胞壁而作用于细胞核区，从而导致细菌死亡。

（二）溶菌酶

溶菌酶又称胞壁质酶，其化学名称为 N-乙酰胞壁质糖水解酶（又称糖苷水解酶），是一种稳定的碱性蛋白酶，为细菌的代谢产物。这种碱性水解酶能催化水解微生物细胞壁中的 N-乙酰细胞壁酸（NAM）和 N-乙酰氨基葡萄糖胺（NAG）之间的 β-1,4 糖苷键，破坏肽聚糖支架，在内部渗透压的作用下使得细胞胀裂，细胞质流出，从而导致细菌裂解死亡。溶菌酶对革兰氏阳性菌的抑菌（灭菌）效果最为显著。研究表明，溶菌酶对链球菌、金黄色葡萄球菌、溶壁微球菌、巨大芽孢杆菌、停乳链球菌等具有良好的溶菌效果，而溶壁微球菌是目前用来检测溶菌酶生物活性的模式试验菌株。革兰氏阴性菌因其肽聚糖外面多了一层脂蛋白，溶菌酶单独使用对革兰氏阴性菌的抑菌效果并不明显。不过对埃希氏大肠杆菌具有一定杀灭作用。将溶菌酶与乳酸链球菌、卵运铁蛋白、葡聚糖、甘氨酸或 EDTA 等联合使用，则对大肠杆菌、单核细胞增生李氏杆菌、普通变形杆菌和副溶血弧菌等具有显著的抑制或杀灭作用。溶菌酶还能与各种诱发炎症的酸性物质相结合，使其组织机制的糖胺聚糖代谢，从而达到消炎、修复组织的作用。

李鑫等（2012）研究表明，饲粮中分别添加溶菌酶 250 克/吨、溶菌酶 500 克/吨、溶菌酶＋抗生素，与空白对照组相比，腹泻发病率分别明显降低到 61.33%、56.73% 和 59.04%，溶菌酶高剂量组（500 克/吨）的炎症指数显著低于溶菌酶低剂量组（250 克/吨）和抗生素组，说明溶菌酶在一定程度上可提高仔猪的健康水平。研究结果还发现，溶菌酶对仔猪腹泻有防治作用。邵春荣等（1996）报道，给仔猪饲喂溶菌酶，结果发现仔猪腹泻率明显降低，对引起仔猪腹泻的致病性大肠杆菌有较强的抑制作用。研究还发现，溶菌酶可与各种诱发炎症的酸性物质结合，使其失活，增强机体的免疫力，从而达到消炎、修复组织，改善胃肠道功能的目的。

（三）细菌素

细菌素是由某些益生菌在代谢过程中利用核糖体合成机制而产生的一种具有抗菌作用的活性多肽、蛋白质或蛋白质复合物，具有高效、无毒、耐高温、无药残、无耐药性等特点。当细菌素作用于目标细菌时，通过静电吸附或疏水作用吸附在细菌的细胞膜上，进而发挥其杀菌作用。细菌素还可进入细胞内影响细菌细胞内的多种代谢过程，如 DNA 的合成、RNA 的转录和细胞壁的合成等，从而发挥一定的抑菌作用。

目前已发现的细菌素超过 100 种，常见的细菌素包括乳酸菌细菌素、大肠杆菌素和芽孢杆菌细菌素等，还可通过基因工程改造细菌素。研究发现，乳酸乳球菌产生的细菌素对链球菌、葡萄球菌、芽孢杆菌、梭菌及其他乳酸菌等具有良好的抑制作用，嗜酸乳杆菌和发酵乳杆菌所产的细菌素对乳杆菌、片球菌、乳球菌、链球菌及大肠杆菌等具有抑制作用，枯草芽孢杆菌所产的细菌素（枯草菌素）能有效地抑制真菌等。

二、抗菌中草药

中草药是我国的传统瑰宝，有着很多优点，克服了西药的抗药性及药物残留对人类的危害，在养猪生产中有着广泛运用，并在预防与治疗猪细菌性疾病中起到很好的作用。中草药主要有以下几个特点：药源丰富、取材广泛、用药成本低；不良反应小，中草药属于纯天然的绿色植物，既能治疗疾病，又能提高动物机体的免疫力，且无药物残留；无抗药性，配伍组合，增强药效，无合成类药物引起的抗药性弊端；治疗简单方便，对技术和设备需求不高。

（一）中草药有效成分的药理作用

中草药的主要有效成分有多糖、甙类、生物碱、挥发精油、有机酸和树脂类。

1. 多糖 天然产物，具有毒副作用小、无残留、不产生耐药性等优点，主要有黄芪多糖、甘草多糖、灵芝多糖、云芝多糖、当归多糖、人参多糖等，是免疫作用的重要物质基础，可激活动物体内 T 淋巴细胞、B 淋巴细胞、巨噬细胞等，有效调节细胞免疫作用，提高机体免疫系统对抗原的识别能力。多糖还具有抗菌、抗病毒、抗氧化等功效。当前当归多糖、黄芪多糖等在对动物免疫功能的调节具有显著成效。

2. 生物碱 在中草药中分布广泛，是中草药中比较重要的化学成分。当前能分离出生物碱的中草药已经达到 1000 多种，生物碱具有镇静、镇痛、麻醉、解痉、兴奋脊髓、镇咳及驱虫等作用。在疾病防治中常用的生物碱中草药包括黄连、槟榔、麻黄和苦参等。

3. 甙类 又称配糖体，是由糖类物质与另一种非糖物质脱水缩合而成的环状缩醛衍生物，多种中草药均有此种成分。甙类在抑菌、抗炎、免疫调节、兴奋或抑制中枢神经、祛痰止咳等方面具有很强的功效。在疾病防治中较为常见的甙类中草药有甘草、陈皮、桔梗和淫羊藿等。

4. 挥发油 中草药中的挥发油是由几种或几十种不同性质的化合物组成的复杂混合物，主要含有硫化物、萜类及芳香族化合物等。荆芥、薄荷、大蒜、丁香、牛至等中草药，一般都含有挥发油。具有抗菌、抗炎、抗过敏、镇痛、祛痰、祛风等作用，并能增强动物机体的免疫力。

5. 有机酸 是含有羧基的一类化合物。在中草药的叶、根，特别是果实中广泛分布，如五倍子、山楂和乌梅等，具有抑菌、抗氧化、抗凝血、祛风湿、免疫调节等功效。

6. 树脂类 是一类化学组成较为复杂的混合物，大部分与挥发油、有机酸、树胶混合存在。松香、松油脂、牵牛子、乳香、没药等中草药中含有树脂类，具有抗菌、镇痛、祛痰、祛风等作用。

（二）常见细菌性传染病的防治

1. 猪链球菌病 是养猪生产中最为常见的一种传染病，是由 C、D、E 及 L 群链球菌所引起猪的多种链球菌病的总称。该病具有人畜共患性且具有传染破坏性，多发于湿热天气，但无明显季节性。近几年，关于中草药对猪链球菌病的作用研究主要集中在体外抑菌试验，抑菌作用较强的中草药有黄连、蟾蜍、柴胡、仙鹤草和地锦草等。宋晓言等（2014）测定了 30 味中草药醇提取物、水提取物与环丙沙星联用对猪源链球菌的抑制效果。研究结果表明，佩兰醇提取物与环丙沙星联用对猪源链球菌的协同抑菌作用最强，且佩兰醇提取物中的乙酸乙酯萃取物、氯仿萃取物与环丙沙星联用对猪源链球菌分别具有协同、相加抑菌作用。

2. 猪大肠杆菌病 是由致病性大肠杆菌所引起的，包括仔猪黄痢、仔猪白痢和猪水肿病。仔猪黄痢与仔猪白痢都属于养猪过程中常见的细菌性疾病，其致病机理都在于致病性大肠杆菌侵入仔猪消化道所致，因此属于猪消化道疾病。而猪水肿病则由溶血性大肠杆菌侵入所导致。猪一旦感染此病，死亡率极高，一般可达70%～100%。猪水肿病较为突发，应以预防为主。

体外试验表明多种单味中草药对猪大肠杆菌有较好的抑制作用，如乌梅、五味子、五倍子、黄连、黄柏、连翘和大黄等。王俊丽等（2013）筛选出黄连、黄柏、白术、防风和赤石脂的复方胃抑制猪大肠杆菌的最佳组方。临床试验表明，中草药制剂对猪大肠杆菌病有较好的防治效果。梁玉璟（2013）将白龙散中草药按比例粉碎加入饲料中，自母猪产仔前10天开始投药，连用3天为一个疗程，间隔7天，再喂一个疗程。结果表明，1个疗程便能较好预防仔猪黄痢，2个疗程则能较好防治仔猪黄痢和白痢，且能显著提高仔猪窝体重和育成率。李志鹏（2014）采用O_{301}大肠杆菌人工感染20日龄健康仔猪后采用了不同的治疗方法。结果表明，高剂量和中剂量的肠炎康（甘草、焦山楂、陈皮、艾叶、石榴皮和白头翁等）的治疗效果相同，保护率为100%，治愈率为80%；而硫酸庆大霉素注射液治疗的保护率为60%，治愈率为50%。在母猪和仔猪日粮中添加鸭跖草与车前草对猪水肿病的防治效果显著；同时也可以将中药组方（黄连、甘草、苍术、秦皮、水桐和树根皮等）研制成粉末状，与饲料充分混匀进行饲喂，对防治猪水肿病也具有明显的效果。

3. 猪副伤寒病 在1～3月龄的仔猪期较为高发，流行无明显季节性。依据病程可分为急性、亚急性和慢性3种。实践证明，应用中草药组方（黄芩、茯苓、木香、黄连、甘草、柴胡、大青叶和白芍）对猪副伤寒病的治疗具有良好的效果。李国旺等（2011）考察了夏枯草、金银花、鱼腥草、五味子、丁香和地榆6味中药对猪致病性伤寒杆菌的体外抑菌效果。结果发现6味中药均有一定的抑菌效果，夏枯草最强，鱼腥草次之，地榆最弱。孟庆友（2013）采用中药复方（黄连、黄柏、黄芩、赤芍、生地、丹皮、芒硝、紫草、银花、连翘、栀子、地榆、地肤子、大青叶、红花川芎、甘草）煎汤灌服猪副伤寒病猪，治愈率可达90%。

4. 副猪嗜血杆菌病 以体温升高、关节肿胀、呼吸困难、多发性浆膜炎、关节炎和高死亡率为特征的传染病，严重危害猪群尤其是仔猪和保育猪的健康。目前，副猪嗜血杆菌病已经在全球范围影响着养猪业的发展，给养猪业带来巨大的经济损失。

李莉等（2014）探讨了16种中药提取物对副猪嗜血杆菌的体外抑菌作用。结果发现，副猪嗜血杆菌对黄连、黄柏、黄芪、虎杖、秦皮、蒲公英、连翘和乌梅表现出高度敏感。杨茂生等（2012）发现，副猪嗜血杆菌对金银花、连翘、蒲公英高度敏感，且对银花、连翘、蒲公英、枇杷叶、木通、黄芪和甘草组方制剂高度敏感。

5. 猪喘气病 是由猪肺炎支原体引起的猪的一种接触性、慢性、消耗性呼吸道传染病。多项试验结果表明，采用中药方剂对猪喘气病的治疗均取得了较好的效果，且优于抗生素的疗效。李国旺等（2011）研究发现，苏子、款冬花、杏仁、桔梗、陈皮、甘草和鱼腥草组方治疗猪喘气病的效果优于盐酸林可霉素和泰乐菌素注射液。唐超等（2014）发现，金银花、黄芩、甘草、板蓝根、鱼腥草、半夏、苏子、冬花、白芍、杏仁、穿心莲、麻黄和黄连组方的疗效和康复率均显著高于盐酸卡那霉素注射液。姜应元等（2013）研究表明，生石膏、连翘、黄连、板蓝根、黄芩、栀子、赤芍、桔梗、玄参、丹皮和甘草等组方的效果明显高于盐酸林可霉素注射液，且病猪的体重增长率要高于西药治疗组。

三、抗生素替代品

在养猪生产过程中要尽可能不用或少用抗生素，应大力提倡使用抗生素的替代品。

（一）替抗素

替抗素，是利用多种益生菌，采用液体深层发酵后的代谢产物，经特殊组方而成的一种能释放生物活性物质（活性多肽）的纯天然抗菌生物饲料添加剂。对抑制病原菌（主要针对肠道内病原菌，而不抑制有益菌）、改善肠道菌群平衡与微生态环境、增强机体免疫细胞和免疫功能、提高动物生产性能、改善饲养环境、促生长以及防控疾病都发挥着重要作用，且绿色、安全、无耐药性、无残留和无毒副作用。

（二）微生态制剂

微生态制剂是根据微生态原理，应用微生态工程技术，利用动物体内正常益生菌群经分离、鉴定、筛选和确定的优良菌种为主体，再经发酵培养、浓缩、干燥及微囊化包被一系列特殊工艺而制成的，可调节机体微生态失衡、提高免疫力的抗菌制剂及其代谢产物。在养猪生产中，可根据猪生长的不同阶段，有针对性地添加微生态制剂，具有安全、效果好、无药物残留、无耐药性以及无毒副作用等优点。

（三）酶制剂

目前，兽药市场上出售的酶制剂主要有蛋白酶、淀粉酶、脂肪酶、纤维素酶、木聚糖酶、葡萄糖氧化酶和植酸酶等。有些酶制剂能分解抗营养因子，提高仔猪对蛋白质的消化利用率；还能降低肠道黏度，增加食糜流动性，抑制致病菌的繁殖。

近年来，我国养猪行业正在高速发展之中，同时也面临着众多挑战，细菌性传染病便是其中之一。一方面，猪细菌性传染病在很大程度上影响着猪的生长性能；另一方面，由于抗生素耐药性以及动物食品安全等原因，我国正在大力提倡减少（或不用）抗生素，这也会极大增加细菌性传染病发生的可能。因此，针对目前的形势，对一些细菌性传染病采用新型抗菌药物（如抗菌肽、中草药和微生态制剂等抗生素替代品）进行预防与治疗，既可以有效地防治细菌性疾病，又可以减少使用抗生素所导致的药物残留给人类健康带来的危害。

第五节　猪细菌性传染病综合防控对策

随着规模化养猪程度的提高，我国猪场中细菌性传染病越来越复杂，呈现老病新状，老病新发的态势。同时由于猪群免疫抑制因素的存在，降低了猪的免疫能力，使猪群处于亚健康状态，随时都有暴发细菌性疾病的可能。猪细菌性传染病传播广泛，难以根治，并且呈季节性发生。目前，我国细菌性疾病大多为混合感染或继发感染，尤其是在猪场发生蓝耳病或猪圆环病毒病后，往往继发细菌性传染病，增加了猪场疫病防控与治疗难度。因此，合理规范的防控对策，对于猪场的细菌性传染病的有效防控尤为重要。猪细菌性传染病的防控应从以下几个方面入手。

一、良好的饲养环境

应贯彻"管重于养，养重于防，防重于治，综合防控"的原则。养殖环境的优化是避免猪场细菌病暴发的重要条件之一。养殖场地理位置应尽量选择在人员稀少、通风良好、空气干燥以及阳光照射充足的地方，且猪的饲养密度不宜太大。养殖过程中应避免与其他动物接触，最好与其他动物分开饲养，防止病原菌在不同动物群体间扩散。猪舍应常年保持适宜的温度（猪只生长最适宜的温度为 22～26℃）和相对湿度（60%～70%），以提高猪只自身的抵抗力。在易暴发大规模细菌病的深秋、冬季以及初春，应注意猪舍的保暖。同时应在保证猪舍环境温度的前提下，做好通风换气工作，保持猪舍的整洁、干燥和卫生。

（一）猪场应严格控制进出

外来人员公干、探亲等一律在生活区进行，不准进入生产区。猪场谢绝参观，经批准确实需要进入生产区的必须在消毒室内更衣、洗手、消毒后方可进入，有条件的猪场应要求外来人员淋浴更衣后从消毒室进入。生产区各栋舍门口消毒池应保持有效的消毒液。外来车辆，尤其是运输生猪车辆一律不准进入生产区。出场猪只，不管是正常销售的种猪、商品猪，还是淘汰猪，一律不得返回猪场。

（二）猪群实行分群隔离饲养，"全进全出"的饲养管理制度，防止疫病的交叉传播

后备猪舍、配种舍、产房、保育舍、育肥舍、种公猪舍、隔离舍要做到"全进全出"，每一批猪全部出舍后，要及时清扫、冲洗、消毒，空舍 3 天后再进入下一批猪。新引进猪后必须放在离本场猪群有一定距离（至少 500 米）的隔离舍饲养观察一定时间（最少 5 周），才能进群饲养。

（三）坚持消毒制度

猪舍周围应铲除杂草，清理杂物，消灭蚊虫和鼠类。猪舍进出门前设消毒池和消毒间，供人员和物品进出消毒。定期对猪舍内外道路、运输通道清扫和消毒；定期对设备清洁和消毒；每天下班前对生产工具清洗和消毒，然后摆放在固定位置；猪舍定期带猪消毒；转群及猪只销售后对空栏进行彻底清洗、风干和消毒。

（四）严禁饲喂发霉的饲料

猪场要严把饲料采购关，防止霉变饲料危害猪群。在饲料霉菌多发季节适当使用除霉剂。防止因霉菌毒素中毒引起猪群免疫抑制或免疫力低下等应激反应。

二、疫苗预防

制定科学的免疫程序，定期注射疫苗可减少猪群中细菌性疾病的发生。不要盲目接种疫苗，要根据疫病监测情况、疫病流行的规律，结合当地的动物疫情和疫苗的性质及作用，制定科学的、符合本场实际情况的免疫程序，有计划地实施免疫接种。疫苗接种种类过多、接种的次数频繁或超大剂量的长期使用疫苗，都会造成猪体产生免疫耐受，疫苗间相互干扰等，导致疫苗免疫失败。

规模化场在制定预防接种计划及实施预防接种的过程中，必须遵循"有的放矢，重点突出，程序合理，最小应激"的原则。

（一）免疫注射疫苗种类不可太多

作为猪场技术负责人或兽医必须了解对本地区、本场存在的危害较大的疫病，必要时委托相关单位对主要疫病抗原或抗体进行监测，制订免疫接种计划时要有的放矢，免疫范围不可过大。免疫注射和免疫注射过程中的追赶、捕捉行为会对猪只产生较强的应激，长期频繁的应激反应会降低猪的非特异性免疫力，对非免疫疫病的抵抗力反而下降。同时，注射疫苗的次数或种类增多，频繁的应激刺激可能使猪只生长速度受到影响，饲料报酬降低。免疫注射要有一定的时间间隔，否则疫苗间会产生免疫干扰，影响免疫效果。

（二）制定合理的免疫程序，选择最佳时机接种

规模化猪场在确定了接种的疫苗种类后，必须结合各类猪群不

同的生产阶段，按照一定的顺序和时间间隔接种。在接种前对接种对象健康状况要有所了解，运输、转群、患病期间均不宜免疫注射。母猪妊娠前期、中期、临产前不宜进行免疫接种，否则易引起胚胎死亡、流产或致畸胎。泌乳期间也不是最佳的免疫时间，母猪最佳免疫注射时间应选择在产前6周至产前2周间进行。

三、抗生素治疗

规模化猪场细菌性疾病很多，有的细菌性疫病有疫苗可以免疫预防，更多的是没有疫苗或者疫苗免疫效果不理想，因此，药物预防和控制是一个较为理想的手段。

目前，我国细菌性疾病大多为混合感染或继发感染，增加了临床上治疗的难度。早发现、早诊断、早治疗、方法科学、方案可行，是治愈细菌性疾病的根本方略。只有弄清楚引起猪细菌性疾病的真正病原菌，才能探索最佳治疗方案。确定病原后，筛选针对该致病菌的敏感药物，治疗效果会较为理想。但在药物的使用过程中应注意，菌株极易出现耐药性，所以要合理规范使用抗生素。猪场滥用抗生素，造成耐药性菌株的大量出现产生"超级细菌"，导致无药可用。通过饲料或饮水中投放广谱抗生素，群体防治，简便易行。现代集约化规模化猪场疾病控制中，关键措施就是群防群治。将药物添加到饲料或水中是传染性细菌病给药的重要方法，其特点是：达到传染性疾病群防群治的作用，从宏观上控制整个猪场传染性疾病的传播；方便经济，节省人力物力，提高防治效率；另外可减少猪群的刺激，降低应激性疾病的发生。

（一）程序化预防给药

程序化给药可避免猪群疾病的大规模暴发，最大限度地减少损失。实践证明程序化给药是最经济有效的，实践中兽医工作者摸索出了一些经典的药物组合，被多数规模化猪场采用。例如：仔猪断奶前 1 周至断奶后 4 周用支原净＋金霉素或多西环素拌料饲喂，同时用阿莫西林饮水。生长育肥猪每 5 周用氟苯尼考＋多西环素饲料拌药 1 周。通过上述给药程序可基本消除猪场中黄白痢的危害，减少了母猪乳房炎—子宫阴道炎的发病头数。

（二）根据气候变化预防或治疗性给药

秋末冬初时期，气候变化较大，是猪群呼吸道病较严重时期，此时可适时在饲料或饮水中投放预防或治疗量抗生素。冬春时期因湿冷，易流行或暴发腹泻，可在饲料或饮水中添加防治继发细菌感染的抗菌消炎药物，以及防止脱水，调节酸碱平衡，增强免疫功能的电解多维。

（三）有针对性的净化某种特定病原菌的定期给药

某些传染性疾病在猪场流行，反复发作，单个治疗难以控制全群发病的状态，严重影响饲料转化效率。此时采用混饲与混饮给药更为有利。如对种猪的传染性萎缩性鼻炎，除程序性接种猪传染性萎缩性鼻炎灭活疫苗外，饲料中可添加磺胺嘧啶，连续使用 7 天，然后剂量减半，再连用 5 周，每半年重复 1 次，可达到净化猪传染性萎缩性鼻炎的效果。

四、抗生素替代物

随着细菌耐药性的日趋严重，引发的公共卫生问题备受关注。现在养殖过分依赖药物，全程滥用抗生素保健、治疗。因此，应加大细菌性疾病的生物防控力度，并且在微生态制剂、溶菌酶、抗菌肽等生物制剂研发方面下工夫来取代抗生素。

例如，有研究表明益生菌能改善消化系统，对防控细菌性腹泻有极大的帮助；中药在一些猪场的疾病防治效果较好，但由于中药产地不同、药力不同，暂未有中药标准，所以中药的效果也大不相同。

五、病死猪的处理

病死猪若不及时处理，可能会引起猪场内暴发严重的细菌性疾病。我国病死猪的处理大多是通过高温煮沸、深埋和焚烧等方法进行处理，并且对病死猪所在的猪舍进行全方位的消毒杀菌，防止疫病的扩散。病死猪进行无害化处理时，应严格按照相关要求操作，避免处理不彻底而引起病原菌在环境中扩散。

我国猪场中细菌性疾病具有地域特异性，生产中应根据猪场实际情况因地制宜，选择适合猪场的综合防控方案。

第二章

猪主要细菌性传染病防控

第一节　猪链球菌病

猪链球菌病主要是由猪链球菌（*Streptococcus suis*，SS）感染引起的一种常见的猪传染病，除猪链球菌外，马链球菌兽疫亚种（*S. equi ssp. zooepidemicus*，SEZ）、马链球菌类马亚种（*S. equi ssp. equisimilis*）和兰氏分群中 D、E、L 群链球菌等也可致猪链球菌病。该病世界各国均有发生，危害严重，临床表现多种多样，能致猪发病和死亡，是我国规定的二类动物疫病。在我国 20 世纪70、80 年代，猪群中发生的猪链球菌病，其病原主要是马链球菌兽疫亚种（当时称为兽疫链球菌）。1998 年在江苏和 2005 年在四川均暴发由猪链球菌 2 型感染引致的猪链球菌病，导致猪群发病并死亡，分别引起 25 人感染、14 人死亡和 215 人感染、38 人死亡。猪链球菌病不仅给养猪业造成严重经济损失，也给公共卫生和食品安全带来威胁，危害到人类。

[病原特性]

1. 猪链球菌　是世界范围内引致猪链球菌病最主要的病原，根据细菌荚膜抗原的差异，现在公认的有 33 个血清型（1~31、33及 1/2）。其中，1、2、7、9 型是猪的主要致病血清型，2 型最为常见，也最为重要。猪链球菌 2 型可引起猪脑膜炎、败血症、脓肿等；也可感染人，引起脑膜炎、感染性休克，严重时可致人死亡。

猪链球菌为革兰氏阳性球菌，呈卵圆形、成双或以短链形式存在（图 2-1），菌体直径为 1～2 微米，需氧兼性厌氧。在 5% 绵羊血琼脂培养基上 37℃ 培养 24 小时，形成圆形、微凸、表面光滑、湿润、边缘整齐、灰白色、半透明、针尖大小的 α 溶血菌落（图 2-2）；48 小时后有草绿色素沉淀，呈浅灰色或半透明，稍微带黏液样。在不同动物的血平板上，猪链球菌能产生不同类型溶血环，以 α 溶血为主，经 Jasmin 染色在菌体外可看到一层透明环状区域即为荚膜。部分菌株周围无溶血区带，但把菌落从血平板上移去，可见 α 或 β 溶血。在绵羊血琼脂平板上，猪链球菌 2 型产生明显的 α 溶血，而在马血琼脂平板上则为 β 溶血。可发酵乳糖、菊糖、海藻糖、水杨苷、棉子糖，不发酵甘露糖、山梨醇。

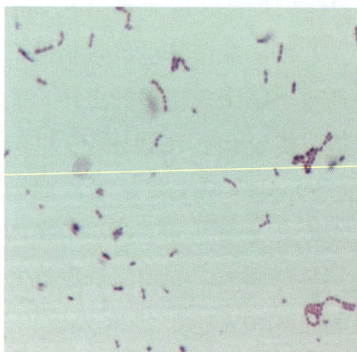

图 2-1　猪链球菌革兰氏染色
（四川省动物疫病预防控制中心供图）

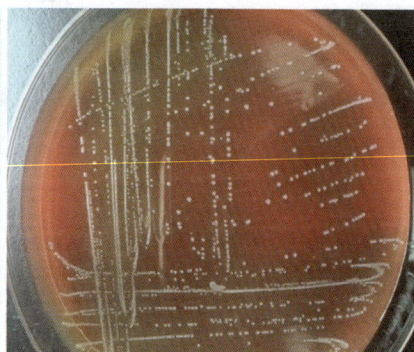

图 2-2　5%绵羊血平板上的猪链球菌
（南京农业大学汤芳供图）

猪链球菌常污染环境，在粪、灰尘及水中能存活较长时间。在水中 60℃ 可存活 10 分钟、50℃ 为 2 小时。在 4℃ 的动物尸体中可存活 6 周。0℃ 时灰尘中的细菌可存活 1 个月，粪中则为 3 个月。25℃ 时在灰尘和粪中则只能存活 24 小时和 8 天。该菌对热和普通消毒药抵抗力不强，60℃ 加热 30 分钟可被杀死，煮沸则立即死亡。

常用的消毒药如 2% 石炭酸、0.1% 新洁尔灭、1% 来苏儿、1% 煤酚皂液等均可在 3～5 分钟将之杀死，日光直射 2 小时死亡。该菌对青霉素、磺胺类药物敏感。

猪链球菌目前发现的毒力因子多达 70 多种，多数为细菌表面成分、表面蛋白、胞外蛋白、酶类、调控因子等，直接或间接参与黏附宿主细胞、体内存活、免疫逃避等。最近的研究表明，猪链球菌非编码小 RNA 作为新型毒力调控因子，可直接或间接调控毒力基因表达，从而影响猪链球菌毒力。

2. 马链球菌兽疫亚种　与马亚种和类马亚种同属于兰氏 C 群。根据菌体表面类 M 蛋白抗原性差异，可进一步分为 15 个血清型。马链球菌兽疫亚种主要引起马、猪、牛、犬、猫等多种动物下呼吸道感染，并引起败血症、脑膜炎、关节炎、肺炎及突发性死亡等症状。偶有感染人的报道，引发人类脑膜炎和肾小球肾炎等，严重的甚至导致死亡。

马链球菌兽疫亚种为革兰氏阳性球菌，光学显微镜下菌体呈圆形或卵圆形，直径 0.6～1.0 微米，在病料中呈成对、短链或中等长度的链，液体状态下培养形成的链较长。在 THB 固体培养基上可形成黏液状的、光滑的菌落，初期呈圆形，生长一段时间菌落形态会变得不规则且菌落直径较大。在 5% 绵羊血平板上可形成很宽的溶血圈，表现为 β 溶血。在葡萄糖培养液中的最终 pH 范围是 4.6～5.0，发酵乳糖、蔗糖和水杨苷可产酸，不能发酵木糖、阿拉伯糖、海藻糖、棉子糖或者菊糖。

马链球菌兽疫亚种具有类 M 蛋白、金属结合蛋白、链激酶、IgG 结合蛋白、纤连蛋白、透明质酸酶等毒力因子，在该菌感染、侵袭以及抵抗机体吞噬的过程中起着重要的作用。

［发病特点］

猪链球菌的流行遍布全球，从北美洲（美国、加拿大）到南美洲（阿根廷），到欧洲（英国、荷兰、法国、丹麦、挪威、西班牙和德国）、亚洲（中国、泰国、越南、韩国和日本）、大洋洲（澳大利亚和新西兰），均有此病原的流行。在33个血清型中，1～9型、14型、16型等能引起猪的疾病。其中，2型致病力最强，能感染人并致病或致死。

近几年，我国对猪链球菌病报道逐渐增多。如1998—1999年江苏省某地部分猪场暴发该病，数万头生猪死亡，还引起25例人感染发病，死亡14例。2005年7月四川省9个地市26个县区先后暴发猪链球菌2型疫病，生猪发病死亡的同时，与病猪有密切接触的人群感染猪链球菌病的病例报告有215例，死亡38例。自2005年四川猪链球菌病疫情发生以来，我国各地关于猪链球菌感染或发病的报道络绎不绝，如重庆、广东、广西、江苏、安徽等地。从国内现有报道来看，我国猪链球菌流行存在两个方面的特点：一是发病范围广，并且报道病例数较多；二是发病原因复杂，形式多样，有的同时出现人和猪感染的病例，也有只报道人发病而未出现动物疫情的，还有猪发病而未见人感染病例的。

1. 流行病学特点

（1）传染源　病猪、病愈带菌猪、死猪是本病的主要传染源。对病死猪的处置不当和运输工具的污染是造成本病传播的重要因素。

（2）易感动物　除感染人和猪外，也可感染牛、羊、马、犬、猫等，及啮齿动物类。不同年龄、品种和性别的猪均可感染，但普通型猪链球菌病多发于4～12周龄猪群，尤其是断奶混群时出现发病高峰。关节炎型的猪链球菌感染一般多发于环境比较差的育肥猪群或种母猪群。而猪链球菌2型多发于成年猪甚至是膘肥肉满的大肥猪。

（3）传播途径　呼吸道为主要传播途径，也可通过伤口、消化道等传播。妊娠母猪子宫和阴道中可带菌，因此其产下的仔猪常发生感染。

（4）流行特点　该病没有明显的季节性，全年都有发生，但以

4～10月发生较多，在我国多见于炎热潮湿的季节，2005年四川省猪2型链球菌病疫情发生在7～8月。一般呈地方性或散发性流行。新疫区发病或该病流行的初期，临床上多表现为急性败血型和脑膜炎型，病势迅猛，病程短促，病死率高；老疫区发病或流行后期多表现为关节炎型或淋巴结肿型，病势缓和、病程较长、传播较慢、发病率和死亡率均较低。发病情况与诸多因素有关，如拥挤、通风不良、气候骤变、混群、免疫接种等应激因素均可激发该病的发生与流行。猪圆环病毒、支气管炎波氏杆菌、伪狂犬病毒、猪繁殖与呼吸综合征病毒等常和猪链球菌并发感染，导致发病率升高。

2. 2005年四川省猪链球菌病疫情紧急流行病学调查情况　2005年，四川省出现了严重的猪链球菌2型疫情及人感染死亡事件，多地养殖场出现猪的大量发病和死亡。此次疫情的调查过程如下：

2005年7月11日，四川省资阳市雁江区疾病预防控制中心（以下简称疾控中心）接到资阳市第三人民医院报告，该院收治了1例疑似流行性出血热病人，请求调查核实。雁江区疾控中心立即派员到医院进行个案调查。次日，雁江区疾控中心再次接到报告，资阳市第三人民医院又收治1例疑似流行性出血热病人。该区疾控中心再次前往调查，调查过程中第2例病人死亡。

雁江区疾控中心和资阳市第三人民医院进行回顾性调查，发现近半月来，该院共收治4例类似病例，其中2例死亡，1例不详（自己离院），1例尚在治疗中。其中3例病人发生于本区，1例发生于邻县。这些病人均有进食或接触不明原因死亡的猪、羊肉史，临床都表现突发高热、乏力，伴恶心、呕吐，进而出现低血压、晕厥、休克症状，以及面部、上臂、胸部瘀斑等；血象上，白细胞进行性增加、血小板进行性减少、尿蛋白增高。

7月12日19点，雁江区疾控中心向资阳市疾控中心报告了上述情况。资阳市疾控中心派员至医院调查，情况基本相同。此后两日内，就诊新病例和死亡人数增多，四川省疾控中心检测病例血清出血热抗体 IgG、IgM 阴性，不支持出血热的诊断。7 月 15 日 12点，资阳市卫生局向四川省卫生厅电话报告。7 月 15 日，四川省卫生厅组织省疾控中心、省级医院临床专家赴资阳调查，专家组首先到医院对病人的病情和治疗等情况进行了解，再到病人家中，对其周围环境情况进行调查，发现病人或其邻居家猪有死亡现象，采集了死猪的标本，同时采集了病人血液、病人家属的血液待检。经过调查和会诊后，专家的意见不一致，部分专家倾向于诊断出血热，部分专家认为发病与病（死）猪（羊）有关，可以排除出血热。

7 月 15 日晚，四川省卫生厅将该起疫情传真报告卫生部应急办。7 月 16 日，四川省疾控中心使用免疫荧光法，用羊抗人 IgG标记病人血清后和病死猪肉进行反应，结果为阳性，提示病人的发病与病死的猪有关。7 月 17 日，四川省疾控中心第二次派出流行病学调查人员赴现场进行调查，并与市、区疾控中心共同讨论制定病例定义，开展主动搜索病例和个案调查。根据当时的情况，拟订搜索病例的标准为：近期在资阳市雁江区或邻近农村地区，与病（死）猪（羊）有过接触，急性发热并伴有皮肤瘀点、瘀斑等感染性休克症状的病例。

7 月 17 日，四川省疾控中心第二次派出流行病学调查人员赴现场调查资阳市第三人民医院发生的不明原因疫情。首先调查在资阳市第三人民医院及患者邻居中类似的病例存在情况，共发现了 7例病例（死亡 5 人）。并对这些病例进行了个案调查，了解到本次疫情的基本特点。

病例发生前，当地农村有猪发病死亡的情况。其中 5 例发病前宰杀过病（死）猪（羊），2 例发病前参与了病死猪（羊）的加工处理：患者发病时间距最近一次宰杀或接触病死猪（羊）时间，最短少于 1 天，最长达 5 天。个别病例手、臂部见皮肤破损，伤口发黑，化脓少。另有 6 名参与宰杀者未发病。参与烹煮食用病、死猪肉的 140 名村民没有发病。病例的密切接触者，包括家人、邻居、亲属、医务人员、同病房病人等均未出现类似病例。7 例病例中，除 2 例共同接触同一只死羊外，其他病例新近都接触过病死猪。

7 月 19 日，卫生部派出专家组，与四川省卫生厅、四川省疾控中心联合调查处置这起疫情。与此同时，四川省畜牧局派出四川省动物疫病预防控制中心的专家参与一起进行现场调查，回顾前期的调查工作，专家们意见不一致。

四川省动物疫病预防控制中心从当地病死猪采集了一些脏器和血清样本，按照猪链球菌的思路进行病原学检测，分离到纯的猪链球菌 2 型菌株。7 月 20 日，农业部派出专家组，赴四川进行现场流行病学调查。7 月 21 日，农业部专家组成员、长期从事猪链球菌研究的南京农业大学陆承平教授，依据病死猪的临床症状、流行病学特征、在四川省动物疫病预防控制中心实验室所做的检测结果（包括组织触片显微镜检查、细菌的分离培养、细菌的凝集试验、PCR 检测等），结合 1998 年江苏省发生的人感染猪链球菌事件，当天就判断猪的疫情是由猪链球菌 2 型引起的。这个判断得到了农业部专家组及农业部的认可。农业部门的判断为卫生部门的流行病学调查提供了方向性的依据，加快了此病的确诊。

7 月 22 日晚，卫生部正式向公众公布此次疫情。

7 月 25 日，在实验分离、鉴定病原成功的基础上，卫生部确定此次疫情是人感染了猪链球菌 2 型导致的。当日，卫生部和农业部联合公布了这次疫情的病因，病原是猪链球菌 2 型，主要感染方式是直接接触病死猪，通过伤口感染，与食用猪肉无关。同时公布了应采取的综合性的预防控制措施，包括防治猪的链球菌病的发生、禁止私自宰杀病死猪等。

［临床症状］

基于病程的不同，猪链球菌病在临床上呈现为最急性型、急性型和慢性型。

1. 最急性型 无任何前期症状，突然发病，多于次日清晨死亡。或倒地不起，口鼻流白沫，触摸时惊叫，全身皮肤呈蓝紫色，体温 42℃ 以上，常于感染后 12～18 小时死亡。

2. 急性型 以败血症型和脑膜炎型为主。

（1）败血症型 常呈暴发流行，突然发生，全身症状明显，精神沉郁，食欲不振或废绝，体温 41～43℃，稽留热。两耳、鼻腔、颈、背部、整个下腹皮肤、四肢内侧呈广泛性充血、潮红或紫斑（图 2-3）。病程快，若治疗不及时，则 1～2 小时内死亡，死前天然孔流出暗红色血液，病死率达 80%～90%。

（2）脑膜炎型 多见于仔猪。病初体温升高（40.5～42.5℃），很快表现出神经症状，如共济失调、转圈、空嚼，继而后肢麻痹，前肢爬行，四肢作游泳状或昏迷不醒等。最急性者数小时内死亡。

3. 慢性型 以关节炎型、淋巴结炎型和心内膜炎型为主。

（1）关节炎型 主要表现为一肢或几肢关节肿胀（图 2-4）、疼痛、跛行或不能站立，体温升高，病程平均 2～3 周。关节炎型占发病总数的 45%～50%。

图 2-3 皮肤广泛充血、潮红
（四川省动物疫病预防控制中心供图）

图 2-4 关节肿大
（四川省动物疫病预防控制中心供图）

（2）淋巴结炎型 临床以下颌淋巴结化脓性炎症最为常见，咽、耳下、颈部等淋巴结有时也受侵害。受侵害的淋巴结发炎肿胀、硬固、热痛，病猪表现全身不适，体温正常或稍高。病程3～5周，一般不引起死亡。

（3）心内膜炎型　本型生前不易发现和诊断。多发于仔猪，临床表现为突然死亡。也有些表现为呼吸困难，皮肤苍白或体表发绀，很快死亡，常与脑膜炎并发。

[病理变化]

根据病猪的剖检病变主要分为败血症型、脑膜炎型、关节炎型和心内膜炎型。

1. 败血症型　以出血性败血症病变和浆膜炎为主，血凝不良，皮肤有紫斑，黏膜、浆膜下出血。

2. 脑膜炎型　脑膜充血、出血，严重者溢血，少数脑膜下充满积液，脑切面可见白质和灰质有明显的小点出血，中性粒细胞弥漫性浸润。其他组织病理学特征包括脑脊液和脉络丛的纤维蛋白渗出、水肿和细胞浸润。脑室内可见纤维蛋白和炎性细胞。脉络丛上皮细胞、脑室浸润细胞以及外周血单核细胞中可发现细菌。其他与败血症型变化相似。

3. 关节炎型　早期变化是滑膜血管扩张和充血，关节表面可能出现纤维蛋白性多发性浆膜炎。受影响的关节，囊壁可能增厚，滑膜形成红斑，滑液量增加，并含有炎性细胞。关节高度肿大，关节囊组织变性增生，囊内充血，滑液浑浊，重者关节化脓。

[诊断要点]

根据猪链球菌病的流行特点、临床症状、病理变化可做出初步诊断，但确诊常需进行实验室检查。

1. 病料涂片染色镜检　根据不同的病型采取相应的病料，如脓肿、化脓灶、肝、脾、肾、血液、关节囊液、脑脊液及脑组织等，制成涂片，用革兰氏染色液染色，显微镜检查，如发现革兰氏染色阳性、单个、成对、短链或呈长链的球菌，即可怀疑本病，但应注意与两极浓染的巴氏杆菌相区别。

2. 细菌分离培养鉴定 无菌取上述病料接种于血液琼脂平板（含5％的绵羊血或兔血）或THB平板，37℃恒温培养24小时，观察菌落。猪链球菌的菌落小、灰白透明、黏稠、呈露珠状。菌落周围形成α或β溶血，一般起先为α溶血，延时培养后变为β溶血。或者菌落周围不见溶血，刮去菌落则可见α或β溶血。猪链球菌2型在绵羊血平板上呈α溶血，在马血平板上则为β溶血。革兰氏染色镜检，菌体单个或双卵圆形，在液体培养中才呈短链，陈旧培养物有时革兰氏染色呈红色。细菌分离纯化后，取单个的纯菌落进行生化试验和生长特性鉴定。

3. 血清学检测 猪链球菌血清型众多，常用血清型特异性抗体或抗原进行猪链球菌的诊断。常用的血清学检测方法有凝集试验、酶联免疫吸附试验（ELISA）、胶体金免疫层析技术等。

4. 分子生物学检测 采用PCR或荧光PCR直接从病料组织或培养液中快速检测到链球菌进行确诊，也可监测感染猪及无症状临床猪的扁桃体携带细菌情况。

5. 动物接种试验 可用小型猪、斑马鱼、小鼠等动物模型评价猪链球菌毒力。记录猪链球菌接种后动物的临床症状、死亡时间。对于死亡动物进行剖检，肉眼观察病变，取脏器接种培养后，检测是否回收到与病料相同的猪链球菌。

[防治技术]

要遵循"养重于防、防重于治、养防共举"的综合防治措施。

1. 猪链球菌病的预防措施 根据猪链球菌病的发病特点和传染特征，可采取如下措施进行预防：

（1）加强饲养管理、减少应激因素 首先是要改善猪舍环境条件，尤其对那些阴暗潮湿、通风透光不好的圈舍；其次是在养殖过程中应尽量减少应激因素，应激因素包括饲养密度、空气环境等多种因素。在饲养管理不善的猪场，猪舍封闭，饲养密度大，通风不良易诱发该病。另外，高温高湿气候，天气突变或者不同日龄的猪混养等因素也可诱发该病，且多继发于猪流行性感冒、猪繁殖与呼吸综合征、猪圆环病毒感染等。

（2）规范消毒制度、清除传染源　猪链球菌病的传染源为病猪和病愈带菌猪、被病猪和带菌猪的排泄物（粪、尿）污染的圈舍，以及鼻液、唾液污染的饲料、饮水等。因此，保持猪舍和猪场内外环境清洁卫生。对发病猪应严格隔离饲养，尽可能淘汰带菌母猪，死猪做深埋、焚烧处理。污染的产品和运输用具及圈舍环境要进行彻底消毒。急宰猪或者宰后发现有可疑病变的胴体，需经高温处理。场地用10％生石灰乳、2％烧碱及其他消毒剂进行彻底消毒。

（3）消除外伤引起感染的因素　猪圈和饲槽上的尖锐物，如针头铁片、碎玻璃、尖石头等可能引起外伤的物体，需一律消除。新生的仔猪，应立即无菌结扎脐带，并用碘酊消毒。同时，为防止病菌通过口鼻和皮肤创口感染，应防止猪群咬架，一旦发现，立即隔离。

（4）加强检疫、防止动物疫情扩散　养殖场要做好动物的检疫工作。做好动物引种检疫、产地检疫及屠宰检疫，禁止从有发病历史的地区引种，同时需严格把关，杜绝本地区病猪进入市场。

（5）完善猪链球菌病疫情的预警和报告工作　首先要做好猪链球菌病的临床检测和日常监测工作，根据临床检测和日常监测结果，做到及时预警。同时，要建立健全猪链球菌病的疫情报告制度。要第一时间报告，在猪链球菌病未发生转移和扩散前及时做出处理，最大限度地降低损失。

（6）疫苗预防　发病季节和流行地区，可接种猪链球菌灭活菌苗进行预防。各猪场应视本场病原菌流行情况选取合适的疫苗。但由于猪链球菌血清型众多，疫苗效果不一定完全有效，如能分离自家菌苗，效果最佳。一般妊娠母猪于产前4周接种免疫，仔猪断奶后一周接种免疫。对猪2型链球菌病发病地区应在夏季来临前用猪链球菌2型灭活疫苗进行免疫。

（7）药物预防　在本病流行季节，可在饲料中适当添加一些抗菌药物如头孢类、阿莫西林、恩诺沙星等，会收到一定的预防效果。

（8）猪场建设科学、合理　猪场选址要合适，猪舍建筑需科学。

（9）防控示范　在国家公益性农业行业科研专项"猪链球菌病防控技术研究与示范"（201303041）的资助下，我国在曾是猪链球菌病疫区的四川、江苏及发病风险较大的上海、广东四个地区，建设了不同类型的示范猪场20个，其中包括18个大、中型规模猪场及2个家庭猪场，如图2-5。示范猪场分别从猪场设施建设、管理措施、疫病监测、卫生消毒、免疫预防、药物控制、饲料使用和疫情处置等方面实施了"规模化猪场猪链球菌病综合防控技术"。同时加强猪链球菌病防控知识的科普和宣传（图2-6）。

图2-5　四川省资阳市雁江区示范猪场

（四川省动物疫病预防控制中心供图）

如何预防和控制猪链球菌病
什么是猪链球菌病
常用的消毒剂和清洁剂能在1分钟内杀死细菌
清洁剂
消毒剂
猪链球菌病是由多种致病性链球菌感染引起的人畜共患疫病，常见的有猪败血型、脑膜炎型和关节炎型三种类型。该病是我国规定的二类动物疫病。
猪链球菌是一类引起猪链球菌病的病原，其中猪链球菌2型最为常见。菌体呈圆形或椭圆形，一般呈短链状或成双排列，革兰氏染色呈阳性。菌落小，呈灰白色透明。
猪链球菌在粪、灰尘及水中存活较长时间。100℃煮沸可以迅速杀灭细菌，常用的消毒剂和清洁剂能在1分钟内杀死细菌。
猪链球菌病的流行特点
本病可侵害人和猪，不同年龄、品种和性别的猪均易感。断奶后的仔猪多发。
本病的主要传染源是病猪和带菌猪。健康猪与病猪或带菌猪接触，或与被污染的饲料、饮水、运输工具等接触均可引起发病而造成流行。病死猪处置不当是人和动物健康的最大威胁，人类通过伤口从带菌的猪肉感染细菌。
本病一年四季均可发生，夏秋炎热、潮湿季节较多发，潜伏期一般为7天。呈地方性散发流行，新疫区可呈暴发流行，发病率低死亡率高。老疫区多呈散发，发病率和死亡率均较低。
猪链球菌病的症状与诊断
如有病猪不表现症状突然死亡，或发现高烧、耳和鼻发绀、呼吸急促、神经症状，部分有关节肿、跛行等症状的，均可怀疑为猪链球菌病。确诊需进行实验室检查。
感染猪链球菌病的主要表现为急性出血性败血症、脑膜炎以及关节炎。
人感染猪链球菌病后发病急，临床表现为畏寒、发热、头痛、全身不适、乏力、腹痛、腹泻。
针对感染人和动物的猪链球菌2型，可由专业兽医诊断实验室进行细菌分离鉴定和用PCR技术检测。
猪链球菌病的预防与控制
无害化深埋
加强猪饲养管理，搞好环境卫生消毒，对各种污染物进行无害化处理。规范引种，淘汰带菌母猪。圈舍要通风、干燥，便于清扫和冲洗卫生。
本病流行的地区和猪场可用猪链球菌病疫苗预防。妊娠母猪可于产前4周接种；仔猪分别于30日龄和45日龄各接种1次。后备母猪于配种前接种1次。
发生疫情时应配合当地动物疫病防控人员做好隔离、封锁、紧急免疫、消毒等各项工作。对病死猪严格执行“四不准一处理”措施，即不准屠宰、不准食用、不准出售和不准转运病死猪，对病死猪严格执行深埋无害化处理。
四川省动物疫病预防控制中心
农业部行业专项猪链球菌病生物灾害防控技术研究示范课题组
编制

图 2-6　猪链球菌病防控知识宣传挂图

（四川省动物疫病预防控制中心供图）

2. 猪链球菌病的治疗措施

（1）猪场封锁与消毒　猪场一旦发生猪链球菌病，必须对猪场实施封锁，严禁猪只进出，减少人员流动，避免交叉感染。在发病猪场门口设消毒池，对过往人员严格消毒。对猪舍、用具、道路等可用复合酚、生石灰等消毒液进行彻底消毒。

发生猪 2 型链球菌病疫情时，由所在地县级以上兽医行政主管部门划定疫点、疫区、受威胁区，同时报请县级人民政府对疫区实行封锁；县级人民政府在接到封锁报告后，应在 24 小时内发布封锁令，并对疫区实施封锁。对疫点内病猪作无血扑杀处理，对同群猪立即进行强制免疫接种或用药物预防，并隔离观察 14 天。对疫区和受威胁区内的所有易感动物进行紧急免疫接种。对疫点、疫区、受威胁区内病死猪及排泄物、被污染饲料、污水等按有关规定进行无害化处理。对猪舍、场地、饲槽、饮水用具及所有运载工具等必须进行严格彻底的消毒。

（2）病猪药物治疗　当猪场发生猪链球菌感染时，原则上应进行扑杀处理，但如因特殊情况需要治疗，可按不同病型进行相应的处理。对淋巴结脓肿，待脓肿成熟后，及时切开，排除脓汁，用 3％双氧水或 0.1％高锰酸钾液冲洗创腔后，涂以抗生素或磺胺类软膏。对败血症型、脑膜脑炎型及关节炎型，应尽早大剂量使用抗生素或磺胺类药物。青霉素，每头每次 40 万～100 万单位，每天肌内注射 2～4 次；林可霉素，每天每千克体重 5 毫克，肌内注射；庆大霉素，每千克体重 1.2 毫克，每天肌内注射 2 次；磺胺嘧啶钠注射液，每千克体重 0.07 克，肌内注射；庆增安注射液，每千克体重 0.1 毫升，肌内注射，每天 2 次，为了巩固疗效，应连续用药 5 天以上。

据报道，恩诺沙星对猪链球菌病也有很好的治疗作用。每千克体重用 2.5～10.0 毫克，每 12 小时注射 1 次，连用 3 天，能迅速改善病况，且疗效常优于青霉素。

（3）健康猪紧急预防　猪场发生该病后，可用药物对未发病猪进行预防以控制该病的流行。由于猪链球菌对四环素、红霉素等抗生素具有较高的耐药性，因此建议使用青霉素、头孢曲松和万古霉素等敏感性较高的抗生素控制猪链球菌病。

（4）病死猪的无害化处理　按照《病死及病害动物无害化处理技术规范》，对死猪做深埋、焚烧处理；急宰猪或者宰后发现有可疑病变的猪胴体，需经高温处理。

3. 人患猪链球菌病的防治对策

（1）强化人畜共患病的安全防范意识　饲养员、兽医、防疫检疫人员及屠宰场工人等接触病猪、剖检死亡猪和处理污染物时应做好全身防护，不直接接触病死动物。

（2）严格执行"四不一处理"措施　对病死猪不屠宰、不食用、不销售、不转运，进行无害化处理。

（3）人感染猪链球菌的治疗　大多数猪链球菌菌株对青霉素敏感，当人感染了猪链球菌后，可以静脉注射青霉素 G。氨苄西林和氨基糖苷类联合用药也可治疗人感染猪链球菌。

第二节　副猪嗜血杆菌病

副猪嗜血杆菌病是由副猪嗜血杆菌（*Haemophilus parasuis*）引起的，又称多发性纤维素性浆膜炎和关节炎，也称格拉泽氏病。副猪嗜血杆菌在环境中普遍存在，世界各地都有，甚至在健康的猪群当中也能发现，属于条件性致病菌，气温突变、通风不好、圈舍氨味较重等容易导致疾病的发生。临床表现为猪群出现发热、呼吸困难、关节肿胀、跛行及共济失调等症状，该病发病率 20% 左右，致死率在 50% 以上，剖解病变主要表现为纤维素性胸膜炎、腹膜炎及心包炎。结合猪场免疫程序等实际情况和临床症状可以做出初步诊断，可进一步通过细菌分离培养、生化试验及 PCR 鉴定确诊。

该病是养猪业现代化的日龄隔离式生产系统下的一种重要疾病，给各国养猪业带来巨大的经济损失。对于没有副猪嗜血杆菌感染的猪群，初次感染副猪嗜血杆菌后果会相当严重。此外，由于该菌耐药性多变，耐药谱较广，进行临床治疗时建议通过药敏试验，筛选敏感药物进行治疗。

［病原特性］

副猪嗜血杆菌属革兰氏阴性短小杆菌，形态多变，有 15 个以上血清型，其中血清型 5、4、13 最为常见（占 70％以上）。该菌生长时严格需要烟酰胺腺嘌呤二核苷酸（NAD 或 V 因子），不需要 X 因子（血红素或其他卟啉类物质），在血液培养基和巧克力培养基上生长，菌落小而透明，在血液培养基上无溶血现象；在葡萄球菌菌台周围生长良好，形成卫星现象。一般条件下难以分离和培养，尤其从经抗生素治疗的病死猪中更难以分离出病菌，给本病的诊断带来困难。

［发病特点］

1. 传播　副猪嗜血杆菌病通过呼吸系统传播。当猪群中存在猪繁殖与呼吸综合征、猪流感或地方性肺炎的情况下，以及养殖环境差、通风不良、氨气重、断水等情况下，该病更容易发生。断奶、转群、混群或运输也是常见的诱因。

2. 继发感染　副猪嗜血杆菌也会作为继发的病原伴随其他主要病原混合感染，尤其是地方性猪肺炎。在肺炎中，副猪嗜血杆菌被假定为一种随机入侵的次要病原，是一种典型的"机会主义"病原，只在与其他病毒或细菌协同时才引发疾病。近年来，从患肺炎的猪中分离出副猪嗜血杆菌的比例越来越高，这与支原体和病毒性肺炎的日趋流行有关。主要的病毒性肺炎有猪繁殖与呼吸综合征病毒、猪圆环病毒、猪流感病毒和猪呼吸道冠状病毒。

3. 发病日龄　副猪嗜血杆菌只感染猪，可以影响从 2 周龄到 4 月龄的育成猪，主要在断奶前后和保育阶段发病，通常见于 5～8 周龄的猪，发病率一般在 10％～25％，严重时死亡率可达 50％以上。急性病例，往往首先发生于膘情良好的猪。

[临床症状]

病猪主要表现为发热（40.5～42.0℃），精神沉郁，食欲下降，呼吸困难，腹式呼吸，皮肤发红或苍白，耳梢发紫，眼睑皮下水肿，行走缓慢或不愿站立，腕关节、跗关节肿大，共济失调，被毛粗乱，消瘦等症状（图 2-7），临死前侧卧或四肢呈划水样，有时会无明显症状突然死亡；慢性病例多见于保育猪，主要是食欲下降，咳嗽，呼吸困难，被毛粗乱，四肢无力或跛行，生长不良，直至衰竭而死（图 2-8）。

图 2-7　病猪畏寒，聚堆取暖，消瘦，被毛粗乱，体表不洁
（四川农业大学王印供图）

图 2-8　死亡猪被毛粗乱，耳部、鼻部及眼周皮肤发绀
（四川农业大学王印供图）

[病理变化]

剖解眼观病变主要是在多个浆膜面（腹膜、心包膜和胸膜）可见化脓性纤维蛋白渗出物（图 2-9、图 2-10），并伴有心包积液、

胸腔积液等以浆液性、纤维素性渗出性炎症（严重的呈豆腐渣样）为主要特征（图 2-11、图 2-12）。有大量黄色腹水，肠系膜上有大量纤维素渗出，尤其肝脏整个被包住。胸膜炎明显，肺有间质水肿、粘连，心包积液、心包膜增厚，粗糙，心肌表面有大量纤维素渗出，腹腔积液，肝脾肿大、与腹腔粘连，关节病变亦相似，后肢关节切开有胶冻样物。

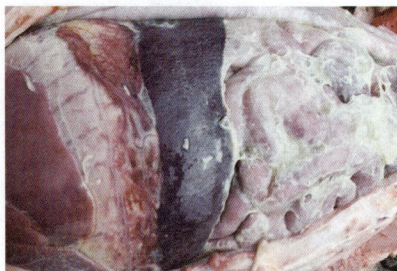

图 2-9　腹腔的浆膜表面有纤维
素化脓性渗出物
（四川农业大学王印供图）

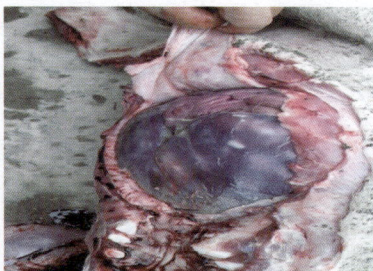

图 2-10　腹腔的浆膜表面
纤维素渗出物
（四川农业大学王印供图）

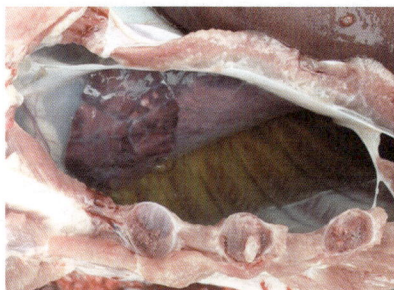

图 2-11　胸腔内有大量液体
（四川农业大学王印供图）

图 2-12　肋膜纤维素粘连
（四川农业大学王印供图）

　　腹股沟淋巴结呈大理石状，下颌淋巴结出血严重，肠系膜淋巴变化不明显，肝脏边缘出血严重，脾脏有出血边缘隆起米粒大的血泡，肾乳头出血严重，猪脾边缘有梗死。

[诊断要点]

1. 样本的选择与采集

无菌取纤维素渗出物、肺脏病变组织、感染的内脏器官实质用于细菌的分离鉴定。健康猪的上呼吸道同样定殖有副猪嗜血杆菌，构成正常菌群，如取该部位用于分离培养副猪嗜血杆菌无显著临床意义。

2. 细菌的分离培养、纯化

（1）培养基胰蛋白胨大豆琼脂（TSA）的配置 准确称取胰蛋白胨15克、大豆蛋白胨5克、氯化钠5克、琼脂15克，加入蒸馏水940毫升，充分摇匀后加热至充分溶解，121℃高压蒸汽灭菌15分钟，加入50毫升过滤除菌的犊牛血清、10毫升过滤除菌的0.01%的NAD，充分摇匀后倒入平皿，保存备用。

（2）病原菌的分离与纯化 无菌操作从采集的纤维素渗出物、肺脏病变组织、感染的内脏器官实质中取样，划线接种于TSA培养基，于恒温培养箱中37℃培养24～48小时（如有条件可提供5%的CO_2）。挑取单个针尖大小的、半透明的菌落进行纯培养。

（3）革兰氏染色镜检 挑取上述纯培养的单个菌落，按常规革兰氏染色法染色后用光学显微镜观察菌体形态，大致步骤如下：在一张洁净玻片上滴加1滴蒸馏水，涂布分离株菌落，火焰固定，在已固定好的抹片上滴加草酸铵结晶紫溶液，经1～2分钟，水洗；加碘溶液于抹片上媒染，经1～2分钟，水洗；加95%酒精于抹片上脱色，经0.5～1分钟，水洗；加石炭酸复红复染10～30秒，水洗；自然干燥，镜检。

（4）结果 分离株在TSA培养基上的生长特性：纯化后的分离株在TSA培养基上培养48小时后，生长为圆形、边缘整齐、光滑、半透明的针尖大小菌落（图 2-13）。

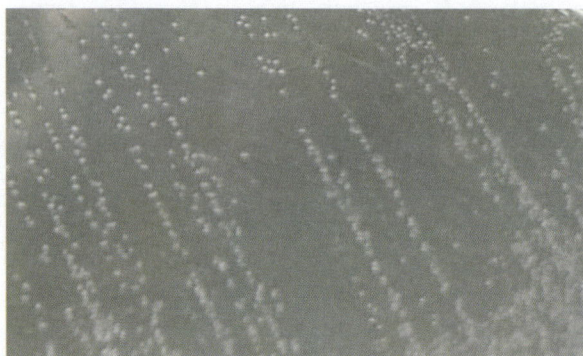

图 2-13　分离株在 TSA 培养基上的生长特性

（四川农业大学王印供图）

　　分离株的镜下形态：镜检观察，分离株菌体为革兰氏阴性细小杆菌，单个散在（图 2-14）。副猪嗜血杆菌有 15 个血清型，染色后在显微镜下呈现多种不同的形态，从单个的球杆菌到长的、细长的、至丝状的菌体。

3. 生化试验

　　（1）试验材料　脲酶、氧化酶、触酶、吲哚、葡萄糖、蔗糖、果糖、半乳糖、阿拉伯糖和麦芽糖等细菌微量生化鉴定管；辅酶Ⅰ（烟酰胺腺嘌呤二核苷酸，NAD）、犊牛血清等。

　　（2）方法　挑取纯化后的单个菌落接种于各类细菌微量生化鉴定管中，同时在每个微量生化鉴定管添加适量 NAD 及犊牛血清，并设置对照管，置于 37℃ 培

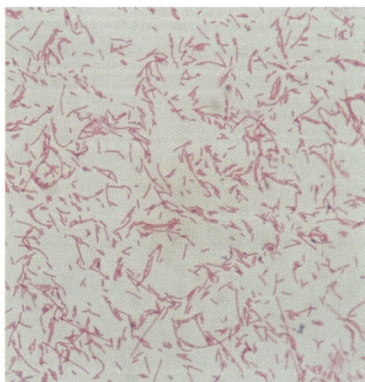

图 2-14　分离株的革兰氏染色镜检
结果（10×100）

（四川省动物疫病预防控制中心供图）

养 24 小时，观察结果并参照厂家说明书进行判定。

（3）结果　分离株脲酶试验阴性，氧化酶试验阴性，吲哚试验阴性，触酶试验阳性。可发酵葡萄糖、蔗糖、果糖、半乳糖、阿拉伯糖和麦芽糖，不发酵甘露醇。分离株符合副猪嗜血杆菌的生化特性。

4. PCR 鉴定

（1）试剂　2×Taq PCR Master Mix、DNA 分子量标准、细菌基因组 DNA 提取试剂盒、琼脂糖、Gold View 核酸染料、TAE 电泳缓冲液等。

（2）引物　参照《NY/T2417—2013 副猪嗜血杆菌 PCR 检测方法》，合成 PCR 扩增引物 P1～P3，P1、P3 适合副猪嗜血杆菌血清型 1-4、6-11，引物 P2、P3 适合副猪嗜血杆菌血清型 5、12-15，所有引物稀释至 10 微摩尔/升，−20℃保存备用。

表 2-1　试验用引物序列

引物序列（5′-3′）	片段长度
P1 TATCGGGAGATGAAAGAC	
P2 GTAATGTCTAAGGACTAG	1090bp
P3 CCTCGCGGCTTCGTC	

（3）分离株基因组 DNA 的提取　以无菌蒸馏水冲下 TSA 培养基上的纯培养物，使用细菌基因组 DNA 提取试剂盒提取分离株基因组 DNA，−20℃保存备用。

（4）PCR　提取好的分离株基因组 DNA 进行 PCR 扩增，扩增体系共 50 微升：2×Taq PCR Master 10.0 微升，RNase-free H_2O 4.0 微升，P1、P2 各 0.5 微升，P3 1.5 微升，模板 2.0 微升。反应条件：94℃预变性 5 分钟，94℃变性 30 秒，56℃退火 30 秒，

72℃延伸 1 分钟，进行 30 个循环；最后 72 ℃延伸 10 分钟。

（5）电泳　称取 1 克琼脂糖溶于 100 毫升 TAE 电泳缓冲液中，加热融化，加入 5 微升 Gold View，制备为 1%琼脂糖凝胶板。取 PCR 扩增产物 5 微升进行琼脂糖凝胶电泳，100 伏电泳 25 分钟，用凝胶成像仪观察、拍照，记录试验结果。

（6）结果　琼脂糖凝胶电泳结果显示，在约 1090bp 处有一特异性条带（图 2-15），与预期大小相符。结合培养、染色特性和生化特性鉴定结果判定分离株为副猪嗜血杆菌。

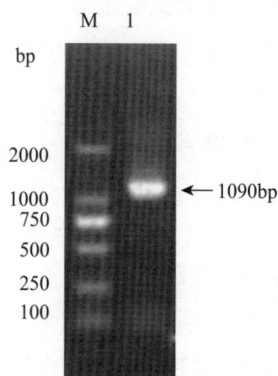

图 2-15　PCR 鉴定结果

M：DNA Marker DL2000；

1：扩增目的条带

5. 药敏试验

（1）实验材料　TSA 培养基、抗菌药物药敏纸片、氯化钡、硫酸等。

（2）0.5 麦氏浊度标准的制备　制备 0.048 摩尔/升氯化钡母液和 0.18 摩尔/升硫酸母液，将 0.5 毫升氯化钡加入到 99.5 毫升硫酸母液中，不断搅拌，保持一种悬浮状态。使用分光光度计测定吸光度，0.5 麦氏标准管在 625 纳米处的吸光度值应为 0.08～0.13。按每管 4～6 毫升将硫酸钡悬液分装，密封后贮存于室温避光处。每次使用前，应将硫酸钡浊度标准管置于旋转混匀器上剧烈振荡，目测其外观浊度应均匀一致后方可使用。

（3）接种物制备　直接菌落悬浮法：使用无菌蒸馏水或生理盐水冲下 TSA 培养基上的纯培养物，制成菌悬液，调整悬液的浊度至 0.5 麦氏浓度，此时悬液中含有（1～2）×10^8CFU/毫升。

（4）纸片扩散法　调整好悬液的浊度后将无菌棉签浸入悬液

内，用拭子划线整个 TSA 培养基表面，重复两次，确保接种均匀分布。静置片刻，使培养基吸收表面多余水分。将药敏纸片分置在已接种细菌的培养基表面，确保纸片与培养基表面完全接触，纸片应分布均匀，两纸片圆心的距离不少于 24 毫米（如 100 毫米的平板放置不超过 5 个纸片）。在放置好纸片后 15 分钟内导到培养基并放置于 37℃恒温培养箱中。

（5）平板判读 经过 24 小时孵育后，检查每个平板，抑制圈应是均匀的圆形，并会有融合生长的菌苔。如果可见单个菌落，说明接种量过稀，应重复试验。采用游标卡尺或尺子在平板的背面测量完全抑制区的直径（包括纸片的直径）。记录结果，参照 CLSI 标准判定分离株对药物为敏感，中介，或耐药。

（6）结果 在所测试的药物中，选择对当地分离株中等以上敏感的药物进行治疗。

[防治技术]

1. 治疗

（1）确定治疗目标 对确诊由副猪嗜血杆菌引起的副猪嗜血杆菌病，治疗的主要目标是控制病原、控制纤维素化脓性浆膜炎及修复机体的损伤，同时对未表现出明显临床症状的猪进行药物预防。药物的购买、使用、记录、报告等严格遵守 NY/T 5030—2016《无公害农产品 兽药使用准则》。

（2）药物选择

抗生素的选择：根据药敏试验结果选择抗生素，目前副猪嗜血杆菌四川分离株对氟苯尼考、头孢喹肟敏感，对多黏菌素 B、头孢他啶等药物中等敏感，综合考虑药效、成本、给药途径等因素，可选择头孢喹肟或氟苯尼考。头孢喹肟为动物专用第 4 代头孢菌素，具有广谱杀菌作用，肌内注射吸收迅速，生物利用度高，半衰期长，无肾毒性，多用于猪呼吸道系统感染。氟苯尼考为动物专用广谱抗生素，内服和肌内注射吸收快，体内分布广，半衰期长，能维持较长时间的血药浓度。此外，除具有胚胎毒性，妊娠动物禁用外，氟苯尼考不引起骨髓抑制或再生障碍性贫血，较为安全。

抗炎药物的选择：严重的纤维素化脓性浆膜炎是副猪嗜血杆菌病最典型的特征，过度的炎症反应，给临床治疗带来极大的挑战，使用抗生素可控制感染，但却无法修复炎症造成的各器官生理机能的损伤，导致治疗失败。因此，抗炎治疗也是控制副猪嗜血杆菌病的重要一环。综合考虑药效、成本及不良反应等因素，可选择地塞米松，该药属于糖皮质激素类药物，由于具有免疫抑制和影响代谢等不良反应，因此一般的感染性疾病不得使用，但当如副猪嗜血杆菌病等的感染对动物机体产生严重危害，危及生命时，使用该药控制炎症就十分必要。与抗生素合用可起到较好的治疗效果，加速病猪康复。但考虑到该药的不良反应，在实际使用中主要用于感染严重的病猪，同时应注意用量用法。

其他药物的选择：针对副猪嗜血杆菌引起的败血症，选用维生素 C 作为辅助治疗药物。同时，板蓝根多糖也可用于辅助治疗，该药具有清热解毒、凉血利咽的功效，此外对革兰氏阴性菌有一定的抑制作用。

（3）治疗方案及实施　加强饲养管理，保证圈舍干燥洁净，减少应激，对病猪进行隔离治疗。具体用药方案如下：

头孢噻肟：选用硫酸头孢噻肟注射液，具有典型临床症状的病猪每千克体重肌内注射 1～2 毫克，每隔 24 小时使用 1 次，连用 3～5 天。或使用氟苯尼考：选用氟苯尼考注射液，具有典型临床症状的病猪每千克体重肌内注射 20 毫克，每隔 24 小时使用 1 次，连用3～5 天。选用氟苯尼考预混剂，发病圈舍保育猪全群混饲，每吨饲料 20～40 克，连用 7 天。

地塞米松：选用地塞米松磷酸钠注射液，肌内注射，一日量5～12毫克，主要用于感染严重病猪。

维生素 C：选用维生素 C 注射液，一次量 0.2～0.5 克，用于具有临床症状的病猪。

板蓝根：选用板蓝根多糖，发病圈舍保育猪全群混饲，每1000 千克饲料 1～2 千克，连用 14 天。

（4）病猪的无害化处理　病死猪的无害化处理严格按照《病死及病害动物无害化处理技术规范》执行。

（5）治疗效果与修正治疗方案　按上述方案进行治疗和预防后，大部分病猪逐渐康复，发病率、死亡率均得到控制，发病圈舍保育猪群饮水、采食量逐渐正常，精神状态良好且痊愈猪无复发感染情况。如有治疗效果不佳的情况出现，应立即修正治疗方案并及时评价新方案的治疗效果；如出现治疗失败的情况，主要考虑以下原因：药物在感染部位无活性、实验室诊断不正确、病原微生物的耐药性等，必须重新诊断，采样进行实验室分析。

2. 防制措施

（1）加强饲养管理　副猪嗜血杆菌病疫情的发生与圈舍供暖不足、通风不良及应激等因素具有一定关系。因此，冬天增加供暖设备，每天定时通风，及时清理粪便等污物，保持圈舍干燥与洁净至关重要。加强饲养管理对减少或消除呼吸道病原具有重要意义。

（2）生物安全　由于副猪嗜血杆菌血清型众多，缺乏异源保护，不同来源猪进行混合饲养是导致疫情发生的重要原因之一。因此，应尽量避免这种情况的发生。

（3）疫苗免疫　疫苗接种是预防控制副猪嗜血杆菌病的最为有效的手段之一，但由于副猪嗜血杆菌具有明显的地方特性，而且不同血清型菌株之间的交叉保护率很低，理论上讲用当地分离的菌株制备灭活苗，可有效控制副猪嗜血杆菌病。此外，副猪嗜血杆菌血清 4、5、10 型是目前我国流行的主要血清型，其中血清 5、10 型毒力最强，血清 4 型毒力中等，可导致严重的感染。因此，选择使用副猪嗜血杆菌血清 4、5、10 型制备的商品化灭活苗，也可取得较好的效果。

第三节　仔猪黄痢

仔猪黄痢是由大肠杆菌（*Escherichia coli*）引起的初生仔猪的一种急性致死性的肠道传染病，又称早发性大肠杆菌病。主要症状为仔猪拉黄色稀粪和急性死亡，发病快，病程短，发病率和死亡率都很高。如果没有及时、合理的防治措施，常常会给猪场带来巨大的经济损失。本病在我国较多的猪场都有发生，是养猪场常见的和危害仔猪最重要的传染病之一。

[病原特性]

本病的病原主要是产肠毒素性大肠杆菌（ETEC），为需氧或兼性厌氧的革兰氏阴性短杆菌，中等大小，有鞭毛，能运动，无芽孢；能发酵多种糖类产酸、产气；易在普通琼脂上生长，形成凸起、光滑、湿润的乳白色菌落；在麦康凯琼脂上形成红色菌落。大肠杆菌的抗原由菌体抗原（O），鞭毛抗原（H）和微荚膜抗原（K）组成。目前已知引起仔猪黄痢的病原菌，其致病性血清型至少有菌体抗原 O_8、O_9、O_{45}、O_{60}、O_{64}、O_{101}、O_{115}、O_{138}、O_{139}、O_{140}、O_{147}、O_{149}、O_{157} 等多种。这些菌株一般都具有表面抗原或称荚膜抗原 K88、K99、K987P 等黏着素抗原。来自猪的 K88 菌株都能产生不耐热肠毒素（LT），有的还能产生耐热肠毒素（ST）。

本菌对外界因素抵抗力不强，60℃ 15 分钟即可死亡，在干燥环境下也容易死亡，一般消毒药如 5%～10% 的漂白粉、3% 来苏儿、2%~3%的氢氧化钠等均易将其杀死。

[发病特点]

本病主要发生于出生后数小时至 5 日龄以内仔猪，以 1~3 日龄最为多见，7 日龄以上的仔猪很少发病，育肥猪，肥猪，成年公母猪不见发病。在产仔季节，常常可见多窝仔猪发病，不仅同窝仔猪都发病，而且继续分娩的仔猪也几乎都感染发病，第一胎母猪所产仔猪发病率最高，死亡率也高。目前认为，隐性感染的母猪是本病的主要传染源，其次是发病的仔猪。病菌随母猪和有病仔猪的粪便排出，散布于周围环境中，污染母猪的乳头和皮肤，当仔猪在吃奶或舔舐母猪的皮肤时病菌随之进入肠道而感染。如果母猪初乳中缺乏对该病原菌的特异性抗体时，病原菌即可在仔猪小肠黏膜上皮定殖，产生毒素，导致发病。

本病一年四季都可发生，发病率可达 90% 以上，死亡率很高，有时高达 100%。猪场内发生本病后，如不采取有效的防治措施，可经久不断地发生，造成严重的经济损失。

[临床症状]

本病的潜伏期很短，仔猪出生后 12 小时以内即可发病，长者也仅有 1~3 天。最急性发病者，通常看不到明显的临床症状，于出生后 10 多小时突然死亡。一般情况是一窝仔猪出生时体状正常，很短时间内，突然有 1~2 头仔猪表现全身衰弱，迅速死亡，以后其他仔猪相继发病。出生后两三天以上发病的仔猪，病程稍长。病猪精神不振，体温较高，常离群呆立，吃奶量减少，腹泻较重，臀部、后肢、会阴部及尾根常被稀便污染（图 2-16）。病猪排出的稀便呈黄色，糊糊状（图 2-17），内含大量未被消化的乳凝块。继之，病猪病情加重，精神明显沉郁，不吃奶，腹泻加重，肛门松弛，很快脱水消瘦，眼球下陷。最后病猪衰竭，不能站立，全身常被稀便污染，终因严重脱水、营养不良、自体中毒和心衰而死亡。

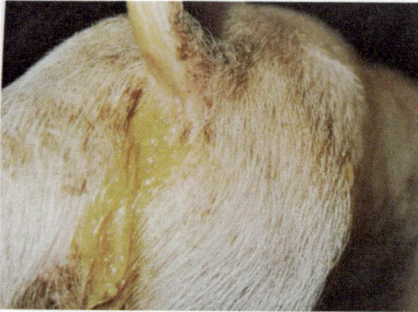

图 2-16　病猪臀部、会阴部及
尾根常被稀便污染
（潘耀谦等《猪病诊治彩色图谱》）

图 2-17　病猪排黄色稀便，
呈糊糊状
（潘耀谦等《猪病诊治彩色图谱》）

［病理变化］

本病的主要病理变化为急性卡他性胃肠炎，少数为出血性胃肠炎，病变通常以十二指肠最为严重，空肠及回肠次之，结肠比较轻微。眼观，胃显著臌胀，胃内充满多量带有酸臭味的白色、黄白色以至混有暗红色血液的凝固乳块（图 2-18），胃壁黏膜水肿，表面附有多量黏液，形成卡他性胃炎。胃底部黏膜呈红色或暗红色。小肠内充满黄色黏稠内容物与大量肠液及黏液混合，形成肠内积液，肠管明显扩张。当肠内容物发酵积气时，则肠内有大量气泡形成，使肠壁变得菲薄，呈半透明状。剪开肠管，肠黏膜肿胀，湿润而富有光泽，常有多少不一的点状出血，黏膜面上覆有较多淡红黄色的黏液。病情严重或继发感染时，可见肠壁出血明显，常常发生出血性肠炎病变，小肠内容物呈红酱样（图 2-19），黏膜面上覆有红褐色黏液。镜检，胃肠黏膜上皮完全破坏，脱落，肠绒毛裸露，固有层水肿，并有一些炎性细胞浸润。实质器官变性，在肝脏和肾脏常见有小的凝固性坏死灶。

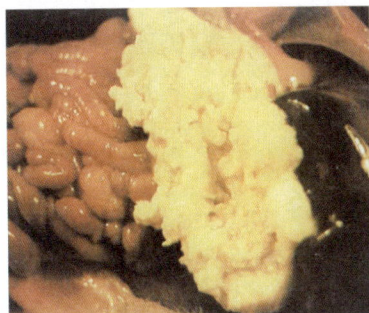

图 2-18　胃内容物含有大量未消
化的黄白色乳凝块

（潘耀谦等《猪病诊治彩色图谱》）

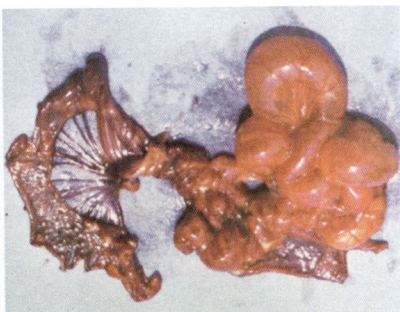

图 2-19　出血性肠炎，小肠
内容物呈红酱样

（潘耀谦等《猪病诊治彩色图谱》）

［诊断要点］

1. 临床诊断　本病通过了解流行特点，观察临床症状和剖检变化（5 日龄以内的仔猪大批发病，排出黄色稀便，胃肠卡他性炎症等病理变化），可以作出初步诊断。

2. 实验室诊断　确诊需要进行实验室诊断：无菌取濒死猪的肝、脾、肠系膜淋巴结或小肠内容物，接种于麦康凯培养基上，挑取红色菌落作溶血试验和生化试验，用大肠杆菌因子血清鉴定血清型。对分离菌鉴定后，可以进一步做药敏试验。

3. 鉴别诊断　仔猪黄痢是猪场的一种常见疾病，在临床上注意与近年来多发的猪流行性腹泻、传染性胃肠炎和轮状病毒感染做好鉴别诊断。

猪流行性腹泻、传染性胃肠炎和轮状病毒感染发生于各种年龄的猪，一旦发病，迅速波及全群，10 日龄内的仔猪发病率和死亡率最高，其他日龄的大多能自然康复，主要症状为呕吐，频繁性腹泻，明显水泻；剖检可见胃肠道、小肠壁菲薄，肠管扩大，黏膜变性，绒毛萎缩等病理变化。

仔猪黄痢以初产青年母猪所产仔猪的发病率最高，往往是整窝发病，这可能与母源抗体有关。其发生与环境、饲料及饮水等因素都有密切的关系。仔猪的先天不足，体内能量贮备不多，母猪乳房炎，无乳综合征，寒冷刺激，缺铁性贫血，消毒不严和产房阴暗潮湿等，都起到协同诱发作用。

[防治技术]

1. 治疗方法　早期发现，及时治疗是治疗本病成败的关键。一窝仔猪只要有一头发病，就要抓紧时间对母猪和全窝仔猪同时进行治疗，若待发病增多时再治疗，往往疗效不佳。在治疗本病时，采取"杀菌、解毒、补液"的综合疗法，但要注意菌株的耐药性与药物选择。常用药物有环丙沙星、恩诺沙星、阿莫西林、庆大霉素、卡那霉素、阿米卡星、磺胺甲基嘧啶、磺胺脒等，有条件的一定要做药敏试验，根据药敏试验结果，有针对性地使用抗菌药物，做到有的放矢。抗菌药物的使用要做到足够剂量，足够疗程，最大限度地避免耐药性的产生。病情严重时可将抗菌药物稀释于5％的葡萄糖生理盐水中，进行腹腔注射给药。

另外，有条件时可使用中药也可收到很好的效果。如内服白龙散进行治疗，处方为：白头翁6克，龙胆草3克，黄连1克，共为细末，和米汤一起混匀灌服，每天1次，连服2～3天，可收到较好的疗效。大蒜疗法：大蒜600克，甘草120克，切碎后加入50度的白酒500毫升，浸泡3天，混入适量的百草霜（锅底烟灰），和匀后，分成40剂，每猪每天灌服1剂，连续2天即可收效。

近年来，也有使用活菌制剂（如促菌生、乳康生和调痢生等）及其他微生态制剂调节仔猪肠道微生物区系的平衡，抑制大肠杆菌的繁殖，从而达到治疗本病的效果。

2. 预防措施

（1）加强饲养管理　控制本病重在预防，特别是对怀孕母猪应加强产前产后的饲养和护理。注意饲料配合，改善环境卫生，保持产房温度。母猪产房在临产前必须清扫，冲洗，消毒，垫干净垫草。母猪产仔后，把仔猪放在已消毒好的筐里，暂不接触母猪。再次打扫猪舍，用0.1％高锰酸钾把母猪乳头、乳房、胸部和腹部洗净消毒，挤掉头几滴奶，再固定奶头喂奶。在产后头3天要每天清扫猪产房2～3次，吮奶前将乳头擦净消毒等。

（2）疫苗免疫　针对本病的疫苗目前已研制成功的有大肠杆菌K88ac-LTB双价基因工程苗、新生猪腹泻大肠杆菌K88-K99双价基因工程苗和仔猪大肠杆菌腹泻K88-K-987P三价灭活苗。本病高发猪场，可进行疫苗免疫，母猪产前30～40天首免，15～20天后二免，可使新生仔猪获得母源抗体的保护。个别严重的猪场可选择本场分离大肠杆菌制作自家疫苗本场免疫，但要符合生物安全要求。

（3）微生态预防　动物微生态生物制剂也有预防本病的效果。我国分离的非致病性大肠杆菌Ny-10菌株的肉汤培养物，给初生仔猪滴服0.5毫升，然后让其哺乳，在一些猪场试用后，具有良好的预防作用。还有促菌生，乳康生，调痢生（8501）在吃奶前投服，均有较好的预防效果。

（4）药物预防　在一些猪场也有用药物进行预防，即当仔猪产后12小时内开始全窝用抗菌药物内服或注射，连用数天，即可预防本病的发生，但注意不能与微生态生物制剂同时应用。

第四节　仔猪白痢

仔猪白痢是由大肠杆菌（*Escherichia coli*）引起的10～30日

龄仔猪的一种急性肠道性传染病，又称迟发性大肠杆菌病或断乳仔猪腹泻。临床上以排乳白色或灰白色，带有腥臭味糊糊样稀粪为特征。该病发病率较高，而病死率较低，是危害仔猪的重要传染病之一。在我国属三类动物疫病。

[病原特性]

仔猪白痢的病原主要是产肠毒素性大肠杆菌（ETEC）和肠致病性大肠杆菌（EPEC），大肠杆菌的病原特性详见仔猪黄痢病原特性。现已证明，从病猪分离的大肠杆菌许多菌株的血清型与引起仔猪黄痢和仔猪水肿的大肠杆菌的血清型基本一致，在不同菌株中较常见的是 O8、O78、O101 和 K88 血清型，有些地区 K99 血清型也较多。但这些菌株在实验室感染时其毒力和致病力也有很大的差异。

[流行特点]

仔猪白痢主要发生于 2～4 周龄的仔猪，一个月龄以上的仔猪很少发病。本病一年四季均可发生，但以炎热的夏季和寒冷的冬季多发，发病率高，而病死率较低，通常一窝仔猪发病率可达 30%～80%。病猪和带菌猪是本病的主要传染来源，而消化道则是本病的主要传播途径。

仔猪白痢的发生与肠道内菌群失调有关，加之 10 日龄以后，仔猪的母源抗体减少，肠壁的自动免疫机能较低，不足以抵抗致病性大肠杆菌的侵袭及其肠毒素的毒害作用，因而易发生本病。当仔猪的饲养管理不良，猪舍卫生不好，阴冷潮湿，气候骤变，母猪的奶汁过稀或过浓，造成仔猪抵抗力降低时，常常导致本病的发生。从病猪体内排出来的大肠杆菌，其毒力增强，经常污染母猪的皮肤和乳房以及周围环境，当健康仔猪舔食母猪皮肤，或吮乳时，常因食入大量的致病性大肠杆菌而引起发病。因此，一窝小猪中如有一头下痢，若不及时采取措施，就会很快传播。

[临床症状]

病猪的主要症状为突然腹泻，排出的粪便呈乳白色或灰白色，常呈浆状或混有黏液而呈糊状，其中含有气泡和未完全消化的凝乳块，并散发出特殊的腥臭味。病猪的尾、肛门及其附近常沾有粪便，污秽不洁。病猪还伴有体温升高，精神不佳，食欲减退，日渐消瘦，被毛粗乱无光泽，拱背，怕冷，恶寒战栗，躺卧于垫草中，或聚堆，拥挤在一起取暖，吃奶减少或不吃，有时可见吐奶。

仔猪白痢发生腹泻次数不等，病程一般为 2～3 天，长的一周左右，绝大部分病猪均可以康复，死亡的较少，但多反复腹泻而形成僵猪。病死率的高低取决于饲养管理的好坏，及时改善饲养管理，积极进行治疗，则死亡率大大降低，反之则明显增高。

[病理特征]

仔猪白痢以肠道的消化吸收障碍明显，而炎症性反应轻微为特点。病死猪严重脱水，胃膨大，浆膜血管多瘀血、怒张，呈树枝状（图 2-20）。胃内有凝乳块，胃黏膜可因充血而潮红，或因瘀血而暗红（图 2-21）。小肠多因瘀血而呈暗红色，肠壁变薄，含大量稀薄的内容物，肠系膜血管瘀血而怒张。剪开小肠，常从中流出大量黄白色至灰白色带黏性的稀薄内容物，混有气泡，放出酸臭气味（图 2-22）。小肠黏膜充血、肿胀，多伴发点状出血，黏膜面上有较多的黏液被覆，呈卡他性或出血性卡他性炎症变化，肠系膜淋巴结常呈串珠状肿大（图 2-23），发生浆液性淋巴结炎或出血性浆液性淋巴结炎病变。

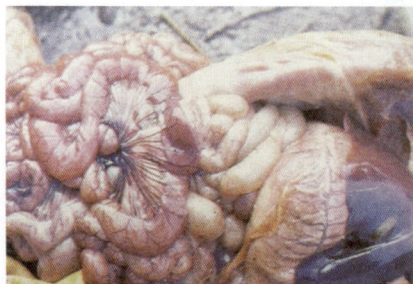

图 2-20　胃扩张充血、小肠瘀血
呈暗红色，血管怒张

（潘耀谦等《猪病诊治彩色图谱》）

图 2-21　胃内大量白色乳凝块，
胃黏膜瘀血呈暗红色

（潘耀谦等《猪病诊治彩色图谱》）

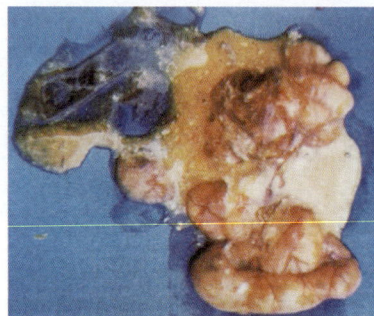

图 2-22　小肠内容物黄白色或
灰白色，带有恶臭气体

（潘耀谦等《猪病诊治彩色图谱》）

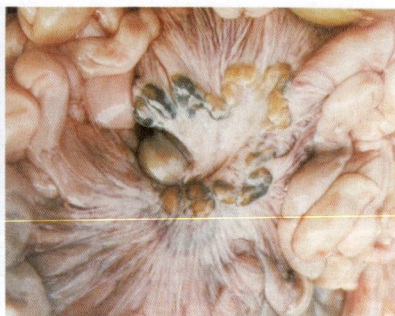

图 2-23　肠系膜淋巴结呈
串珠状肿大

（潘耀谦等《猪病诊治彩色图谱》）

[诊断要点]

1. 临床诊断　通过了解流行特点，观察临床症状和剖检变化，即以 10～30 日龄的仔猪大批发病，普遍排出灰白色稀粪，死亡率低等特点，结合病理剖解以消化吸收障碍明显而炎性反应及其他器官病变轻微的特征，即可作出初步诊断仔猪白痢。

2. 实验室诊断　确诊需要进行实验室细菌学检查,其方法是:取新鲜死猪小肠前段内容物,接种于麦康凯培养基上,挑取红色菌落作溶血试验和生化试验,或用大肠杆菌因子血清鉴定血清型,如为常见的病原性血清型即可确诊。另外,也可通过检查 ST,LT 基因来进行确诊。对分离菌鉴定后,可以进一步做药敏试验筛选有效抗生素。

3. 鉴别诊断　仔猪白痢应与猪流行性腹泻、猪传染性胃肠炎、猪轮状病毒病、猪痢疾、贫血性下痢和猪球虫病等疫病相互鉴别。

[防治技术]

1. 治疗方法　早期发现,及时治疗是治疗本病成败的关键。具体治疗方法参见仔猪黄痢相关部分。

2. 预防措施　预防本病需要改善饲养管理,提高母猪健康水平。发病严重的猪场可采用疫苗免疫接种、投服微生态生物制剂、使用抗生素和使用中草药等措施来预防本病。具体措施可参见仔猪黄痢相关部分。

第五节　仔猪水肿病

仔猪水肿病又称猪胃肠水肿或猪大肠杆菌肠毒血症,俗称小猪摇摆病,是断奶前后仔猪多发的一种急性传染病,有高度致死性。其特征为突然发病,胃壁和其他某些部位发生水肿,头部水肿,共济失调,惊厥,后躯麻痹,叫声嘶哑,剖检胃底和结肠系膜水肿。该病虽发病率不高,但是通常是致死性的,给养殖业带来了较大的危害。近年来,随着畜牧业的发展,仔猪水肿病的发生日益增多,给养猪业造成了重大的经济损失,直接影响仔猪的成活率及猪场的经济效益。此病病死率在 90% 以上,以死亡为转归,是养猪业的一大危害。因此,及早确诊,采取针对性的有效的综合性防治措施、应用一些适用于该病的疫苗和治疗药物，对保证养猪业的发展具有非常重要的现实意义。

[病原特性]

仔猪水肿病的病原主要为产志贺毒素大肠杆菌（Shiga toxin-production *E. coli*，STEC），其血清型常见有 O_2、O_8、O_{138}、O_{139} 等。此类杆菌在正常情况下，仅少量存在于肠道内，无侵袭性。但仔猪断奶后，由于失去母猪抗体的保护，加上饲养条件、气候等变化以及饲养配制不当，其机体抵抗力降低，小肠内环境发生改变，而容易感染发病。仔猪感染后，因病原菌大量繁殖产生致水肿毒素与致腹泻毒素，而引起皮下、脑、胃肠壁等处毛细血管或小血管损伤，通透性增大，细胞液外渗过多，导致头部、眼睑、耳部、肛门等处水肿、共济失调和急性死亡。

[发病特点]

仔猪水肿病通常呈急性经过，且较少从急性转变成慢性。主要是 2 月龄仔猪和 3～4 月龄架子猪易发，其中 2 月龄仔猪在任何季节都能够发病，且往往呈急性发病，并表现出明显的神经症状，病程一般持续 1～2 天，有时甚至在数小时后就发生死亡，具有较高的病死率。3～4 月龄架子猪通常容易在 4～5 月和 9～10 月发生，症状较轻，往往没有神经症状，病程持续时间长，少数甚至能够长达 1 个月，大部分由于治疗效果较差而发生死亡。一般来说，通常是生长良好、体格健壮的肥胖猪容易感染。猪水肿病的发生原因主要有以下三个。

1. 饲养环境较差　主要是由于舍内温度、湿度等发生明显变化，或者没有及时进行全面清扫，形成有利于病菌滋生的环境，从而引起发病。

2. 饲养方式发生较大改变　即有些养猪场根据实际需要，长时间施行的饲养管理模式突然发生改变，导致饲养方式和饲粮与之前都存在比较明显的差异，造成机体不能够及时适应，从而引起发病。另外，仔猪突然断乳也能引起该病，这是由于仔猪通常具有较差的抵抗力，如果突然进行断乳会导致肠道无法适应这种变化，从而容易滋生病菌，进而出现发病。

3. 饲料质量不合格引起有些养殖场由于储存饲料不合理等，导致其发生不同程度的腐烂变质；还有些养殖场饲喂单一品种饲料，无法满足仔猪生长所需要的营养物质，这些因素都可能影响机体肠胃机能，导致大量病菌滋生，最终引起发病。

[临床症状]

猪只突然发病，主要表现出精神萎靡，食欲不振，口流白沫，体温通常没有明显变化，心跳加速，呼吸初期浅且快，后期深且慢，往往发生便秘，但经过1～2天就会变成轻度腹泻。通常在舍内一隅卧地，肌肉震颤，间歇性抽搐，四肢呈游泳状划动，对外界刺激非常敏感，发生呻吟，且站立时会拱起背部，持续发抖，如果前肢出现麻痹就无法稳定站立，如果后躯发生麻痹，则无法站立。走动时四肢无力，共济失调，做圆圈运动或者盲目前进。该病的典型特征是发生水肿（图2-24），通常是眼睑、脸部、齿龈、结膜，有时还会蔓延至颈部和腹部的皮下。病程持续短时只有几小时，通常在1～2天，死亡率能够超过90%。

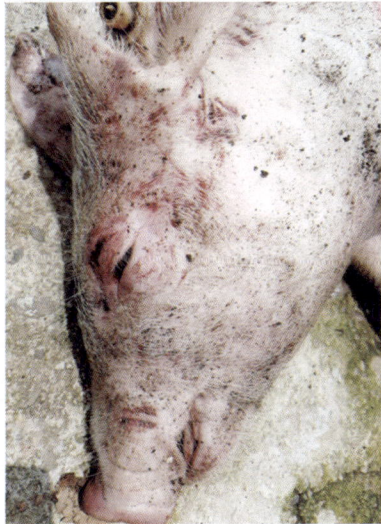

图2-24　眼睑水肿
（成都正大农牧食品有限公司陈杨供图）

［病理变化］

本病特征性变化是胃壁处明显水肿（图 2-25），也常见于胃底部，水肿部的切面会流出清亮无色或黄色的渗出液。结肠系膜水肿问题也十分常见，病猪全身淋巴结均会存在不同程度的肿大，并伴随出现肺水肿、头部水肿等问题，而这可能与病猪中枢神经系统的紊乱有关。在病猪心包胸腔的腹腔内还会存在积液，暴露空气之后会呈现凝固状，部分病例还可能出现内脏或者皮肤出血问题。

图 2-25　胃壁水肿
（潘耀谦等《猪病诊治彩色图谱》）

图 2-26　肠系膜水肿
（成都正大农牧食品有限公司陈杨供图）

［诊断要点］

1. 临床诊断

（1）最急性型　本型少见，突然发病，病猪卧地不起，全身肌肉及四肢抽搐，口角流涎，吐沫，呼吸极度困难迅速死亡。多数见不到症状，突然死亡，病程仅 1～2 小时。

（2）急性型　本型多见，常为急性发病，有的食欲减退或完全停止，体温一般正常，有的高达 40.5℃，共济失调，无目的乱冲、乱撞或作转圈运动，有的两前肢跪地，后肢直立或四肢下卧，突然向前猛跃。不能站立或爬行，强迫行走时，四肢乱蹬。有时发生呕吐，皮肤有水波动感。其主要特征是：眼睑严重水肿，颈部、头部发"胖"或水肿；其次是神经症状：精神迷乱、共济失调。病程一般 12～24 小时。

（3）慢性型　本型少见，头部、眼睑水肿明显，精神委顿，卧地不起。病初时及时对症治疗可痊愈。最后消瘦、衰竭而死亡，病程 2～4 天。

2. 实验室诊断　无菌采集猪的心、肝、淋巴结接种于普通琼脂平板上，37℃培养 12 小时后，在培养基上形成凸起、光滑湿润的灰白色菌落。钩取培养基上单个菌落，接种于麦康凯和鲜血琼脂平板上，37℃培养 24 小时后，可见鲜血平板上形成边缘整齐、圆形光滑的白色菌落，周围有溶血环形成；麦康凯培养基上有光滑、湿润、凸起的粉红色菌落形成。取培养物抹片，用革兰氏染色、镜检，发现菌体为单个或成连接排列的革兰氏阴性球杆菌。将该菌在无菌条件下接种于葡萄糖、麦芽糖、乳糖、蔗糖、尿素的发酵管中，密封后放在 37℃恒温箱中 24 小时，可观察到该菌能发酵葡萄糖、麦芽糖、乳糖，不发酵蔗糖，且不能产生硫化氢，不能分解尿素。

[防治技术]

1. 预防措施　加强对正在哺乳和断奶之后的小仔猪进行饲养管理。对哺乳仔猪按时间补料，严格控制仔猪的进食量，以提高其消化能力，切忌突然断乳和更换饲料。同时，饲料营养要全面，蛋白质不能过高，断乳后仔猪切忌饲喂过饱，仔猪育肥初期要严控采食量，以喂 7～8 成饱为宜。注意饲料中维生素 E 和硒的补充，维生素 E 和硒在机体内共同参与机体的抗氧化防御体系，保护细胞和细胞膜的结构和功能免受脂质过氧化物游离基的破坏。若机体缺乏维生素 E 和硒会造成免疫器官遭到破坏，抗病力降低，特别是能使消化酶活性降低，影响消化道的正常机能，肠道菌群失调，从而为某些致病性大肠杆菌的增殖、附着及毒素的产生和吸收创造条件。

严格执行免疫计划。有效预防水肿病的关键是在仔猪出生15～20 天注射仔猪水肿病灭活疫苗。

2. 治疗方案　通过对仔猪水肿病治疗效果的调查发现，单纯采用抗生素的治疗方法治愈率不高，而采用补硒、强心、补液加抗等综合措施效果较佳。主要应做到以下几点：

（1）保持活动场所的安静，给患病猪提供一个舒适的治疗空间。

（2）实时注意圈舍的卫生，发现粪便和尿液，要及时清理。做到每天早上、晚上各消毒一次。针对外界的病菌蔓延，防止患病的反复性，可以用不同的消毒药物交替使用，同时采取不同的消毒方式，更好地清理圈舍环境。

（3）因病施救　发病严重的仔猪，可用恩诺沙星、卡那霉素、链霉素（配合维生素 B_{12}）、新诺明（与碳酸氢钠配合使用）等抗菌、抑菌药物，配合安钠咖、安乃近、安痛定、地塞米松、维生素C、呋塞米或甘露醇等强心、退热、抗炎、利尿的药物进行治疗。而对刚发病不久的，可在饲料和饮用水中添加恩诺沙星、庆大霉素、卡那霉素、呋喃唑酮等抗菌药物，配合电解多维、维生素 C、人工盐或硫酸钠等药物进行治疗。

第六节　仔猪副伤寒

仔猪副伤寒是由猪沙门菌（*Salmonella*）引起的一种严重危害仔猪生长的传染病，亦称猪沙门菌病。该病主要症状为下痢，临诊上多表现为急性败血症和慢性坏死性肠炎，容易呈群体性发病态势，急性感染者死亡率高，易与其他疾病混合感染，给养猪户造成极大的经济损失。随着养猪业的发展，养殖场建设的现代化，饲养管理水平的提高，生物安全措施的完善，该病已经得到很大程度的控制，但对于小型养猪场及个体散养户还存在较大威胁。同时，沙门菌严重危害人类的身体健康和生命安全。1953 年瑞典 7717 人因吃猪肉引起中毒，致 90 人死亡，是世界上最大一起食物中毒事件，就是由猪源沙门菌引起的。据世界卫生组织报告，由沙门菌问题引发的食品安全事件也此起彼伏，世界上许多发达国家在加强沙门菌食品安全管理的同时，设置技术性贸易壁垒，提高进口食品的门槛。因此，沙门菌不仅给养猪业带来很大的经济损失，严重影响经济贸易，同时也给公共卫生带来巨大的危害，健康养殖与食品安全密不可分。

[病原特性]

沙门菌属是一大属血清学相关的革兰氏阴性短杆菌，无荚膜和芽孢，有鞭毛。沙门菌中最早被发现的是猪霍乱沙门菌，1885 年由美国细菌学家 D. E. 萨蒙（沙门）从患霍乱的猪中分离出而得名。沙门菌的正式分类和命名始于 1934 年，沙门菌为肠杆菌科沙门菌属成员，是一类条件性细胞内寄生的革兰氏阴性肠杆菌。而依据不同的 O（菌体）抗原、Vi（荚膜）抗原和 H（鞭毛）抗原分为许多血清型。根据考夫曼-怀特的分类，目前全世界已分离出2500 多个血清型，近 20 余年来，发现的沙门菌新血清型达 500 多种，我国已发现近 300 种，而常见危害人畜的非宿主适应血清型只有 20 多种，加上宿主适应血清型，约 30 余种，主要有肠炎沙门菌、鼠伤寒沙门菌、猪霍乱沙门菌、鸡白痢沙门菌、鸡伤寒沙门菌等。虽然从猪的屠体和猪肉食品中已经分离出大量不同血清型的沙门菌，但引起猪病的却仅 10 余种。据研究引起猪病的沙门菌主要是产生硫化氢的猪霍乱沙门菌和鼠伤寒沙门菌等，而猪霍乱沙门菌最为常见，可导致猪败血症、肝炎、肺炎、小肠结肠炎等，次之鼠伤寒沙门菌与小肠结肠炎有关，还有就是引起猪呼吸以及胃肠炎型的伤寒样症状的猪伤寒沙门菌，除此之外就是可能引起脑炎的肠炎沙门菌、都柏林沙门菌等。病原菌对外界不利因素如干燥、腐败、冷冻等有一定抵抗力，在外界环境中可以生存数周或数月。在牛奶等食品中，不但能存活而且还能繁殖。但对于化学消毒剂的抵抗力不强，常用消毒剂和消毒方法均能达到消毒的目的。此菌也普遍存在健康猪肠道内，受外界不良应激因素影响，由内源性传染而发病。

［发病特点］

仔猪副伤寒一年四季均可发生，可感染任何年龄阶段的猪只，但作为原发性疾病主要引起 4 月龄以内的断乳仔猪发病，多雨潮湿季节易发。而作为混合感染，胞内寄生的沙门菌则是躲在病毒背后的幽灵，当免疫系统受到损害、体内菌群失调时，成为各阶段猪只的隐形杀手。猪的沙门菌在不同的猪群、各种环境、饲料和管理方式条件下传播和排菌，但因沙门菌、宿主以及环境间的动力学关系，感染并不意味着发病，而该菌携带或发病者可通过自身分泌物、唾液、乳汁或粪便、污染的水源、土壤和饲料等经呼吸道、消化道传播感染健康猪，而粪便至口腔的传播是强毒沙门菌最可能的传播方式，鼠类也是本病的主要传播源。高密度、运输应激、营养缺乏、寄生虫病或其他传染病可增加带菌者的排菌及接触者的易感性；而健康携带猪当饲养管理不当、气候突变、环境改变等因素使免疫力下降时，沙门菌则成为条件致病菌。运输或屠宰过程中，沙门菌在猪只间的感染率与其在运输及屠宰厂存放的时间成正比。早期，猪沙门菌的流行特征是从一个栏传播到另一个栏，或者同时暴发。而现在似乎已经很难见到流行趋势，原因归功于药物保健的推广；同时暴发仅在饲料、水源受到耐药菌株的污染时才成为可能，事实上也很难见到。

[临床症状]

1. 急性型（败血型） 主要发生在 4 月龄以内仔猪，病仔猪首先出现伤寒样症状，畏寒，精神沉郁，食欲不振，沙门菌内毒素作用于白细胞导致体温升高至 41～42℃。病程稍长，鼻、眼有黏性或脓性分泌物，病初便秘，后下痢，出现呼吸困难，腹痛，腹泻。病程 1～5 天，少数死猪耳根、胸前、尾部和腹部肢端发紫，这主要是由于沙门菌内毒素导致黏膜固有层中的微泡血栓和内皮细胞坏死引起的。发病后 3～4 天，出现黄色水样粪便，恶臭，有时混有血液，死亡率可达 20％～40％，发病率与营养环境气候有关，但通常低于 10％。

2. 亚急性型和慢性型较多见 以腹泻导致坏死性肠炎为主要特征。病猪精神不振，体温稍高约 40～41.5℃，食欲下降，腰背拱起；出现结膜炎，黏性、脓性分泌物，上下眼睑粘连，角膜可见混浊、溃疡；呈顽固性下痢，沙门菌内毒素造成钠吸收减少，氯分泌增多引起腹泻，初期为黄色水样，不含血液或黏液，便秘和下痢交替，可在几周内复发 2～3 次，这时粪便带血和坏死组织碎片，恶臭。吸收障碍以及坏死性、炎性排便导致体液流失脱水消瘦，还可能引起肺感染，呼吸困难。部分病猪在病中后期皮肤上有痂样湿疹或紫斑，耳尖逐渐坏死脱落结痂。由于持续下痢，病猪日渐消瘦、衰弱、生长停滞，最后极度衰竭死亡，病程 14～21 天，有的甚至长达 2 个月。若及时有效治疗可避免衰竭死亡，但存活者可能成为僵猪。

[病理变化]

1. 急性型 主要表现败血症的病理变化。全身黏膜、浆膜均有不同程度的出血斑点。肠系膜淋巴结索状肿大，其他淋巴结也有不同程度的增大，淋巴结软而红，类似大理石状。肝出现最具诊断意义的粟米大小的灰白色坏死点，即伤寒结节（图 2-27），是在急性凝固性肝细胞坏死灶中的组织细胞簇。脾脏特征性肿大，边缘钝，坚度似橡皮，呈暗紫色或蓝色（图 2-28）。

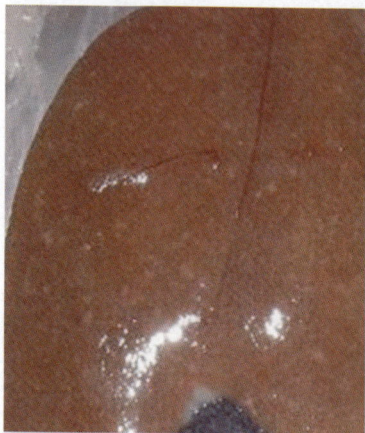

图 2-27　肝脏白色粟米状伤寒结节
（陈弟诗等《猪沙门氏菌
病与猪肉食品安全》）

图 2-28　脾橡皮样肿大
（陈弟诗等《猪沙门氏菌
病与猪肉食品安全》）

2. 亚急性型和慢性型　主要病变在盲肠、结肠和回肠。特征性病变为局部的或弥散性坏死性结肠炎和盲肠炎（图 2-29），肠壁

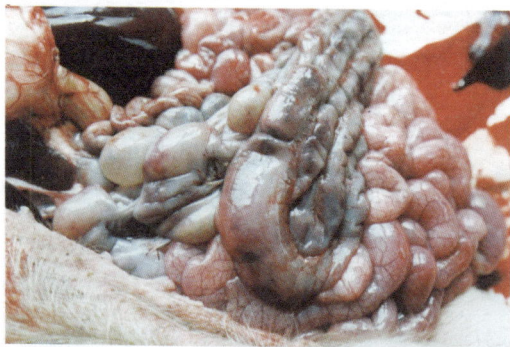

图 2-29　弥散性坏死性出血性肠炎
（陈弟诗等《猪沙门氏菌病与猪肉食品安全》）

坏死和溃疡，肠壁增厚，黏膜上覆盖一层弥漫性、坏死性、腐乳状灰黄色假膜，剥开见底部红色，边缘不规则的溃疡面。肠系膜淋巴结索状肿，部分为干酪样变。肺常有卡他性肺炎或灰色干酪样结节。

［诊断要点］

随着养猪业的发展，典型的仔猪副伤寒已经很少见，取而代之的是一系列混合感染引起的非典型性猪沙门菌病，而沙门菌病与很多疾病表观症状极为相似，特别是猪瘟、猪丹毒、猪蓝耳病、传染性胃肠炎、猪痢疾、附红细胞体病，同时混合感染或继发感染也导致沙门菌病症状难以辨认且容易被忽视，使诊断相对困难。因此，根据流行病学、特征性临床症状和病理变化初步判断，只有通过实验室手段才能确诊，如沙门菌分离培养鉴定、特异性 PCR、ELISA、胶体金层析、免疫荧光法、基因探针检测等。

1. 流行病学特点　主要发生在小于 4 月龄断奶仔猪，地方流行或散发，流行缓慢。常在饲养管理及卫生条件差的猪场发生。寒冷、气候多变、阴雨连绵季节多见发生，有降低仔猪抵抗力的多种致病应激因素存在。

2. 临诊症状　急性初期，临床症状与猪瘟、丹毒、猪蓝耳病、传染性胃肠炎、猪痢疾、附红细胞体病类似，需结合其他材料综合判断。慢性病例典型的症状是持续性下痢，部分仔猪还有肺炎症状。

3. 病理变化　肝有黄色或灰白色点状坏死灶，主要在盲肠结肠段出现弥散性坏死、出血、肠壁增厚，有大小不一的坏死灶。脾肿大呈暗紫色，肺有灰黄色干酪样结节。

4. 细菌分离　急性病例可从实质器官分离出病原菌，慢性病例不易成功。将分离的沙门菌进行形态学特性（包括鉴别培养）、生化试验及血清学鉴定等。

5. 鉴别诊断 急性仔猪副伤寒症状与猪瘟、猪丹毒、猪蓝耳病、传染性胃肠炎、猪痢疾、附红细胞体病鉴别诊断，主要经过流行病学、临床症状、病理剖检变化进行区分。

（1）猪瘟 发生无明显的季节性，各品种、年龄、性别的猪均易感。病猪全身皮肤、浆膜、黏膜和内脏器官有不同程度的出血变化，以淋巴结、肾脏、膀胱、脾脏、喉头、胆囊和大肠黏膜出血最为常见。肾脏色泽变淡，皮质上有针尖状至小米状的紫红色出血点。脾脏出血性梗死为猪瘟特征性病变。全身淋巴结充血，切面呈大理石状。盲肠和结肠，特别是回盲口有纽扣状溃疡。肝脏无坏死灶，抗生素治疗无效。

（2）猪丹毒 多发生于架子猪，以炎热多雨的季节发病较多，主要呈散发性或地方性流行。病猪很少发生腹泻，耳根、腹部、两腿内侧皮肤出现特征性的俗称"打火印"的疹块。胃和小肠有严重的出血性炎症。脾肿大，呈樱桃红色。淋巴结、肾瘀血肿大。

（3）猪蓝耳病 与仔猪副伤寒同样表现为高热打堆，耳朵、胸前、腹部、尾部发绀。不同之处蓝耳病发病率和死亡率高，发病迅猛，各阶段的猪均可发病，一般无腹泻现象，无肠道病变，肺出血、瘀血，抗生素治疗无效。

（4）传染性胃肠炎 结肠炎型沙门菌与传染性胃肠炎相同的是均出现水样腹泻，粪便黄色恶臭，有黏膜组织碎片；不同的是传染性胃肠炎有明显的季节性，一般发生于 11 月到翌年 2 月，在 3～4 天内暴发流行，迅速传播至邻近各栏舍，所有猪都发病，经 10 天左右达到高潮，腹泻伴随呕吐，但腹泻一旦停止，不再复发。

（5）猪痢疾 同结肠炎型沙门菌一样有腹泻，病变主要在结肠和盲肠，不同的是猪痢疾主要发生于架子猪，乳猪和成猪较少发病。无季节性，传播缓慢，流行期长，先排黄色带黏液的软便，既之迅速下痢，黄色或呈红褐色水样，在 1～2 天间粪便充满血液、黏液和纤维素碎片，油脂样或胶冻状，巧克力色，恶臭，整个大肠严重充血出血，被覆有出血性纤维蛋白伪膜，黏膜出血性糜烂、广泛和潜在性溃疡。而沙门菌多为败血症变化，常在实质器官的坏死灶，肠道出血无痢疾严重。

（6）猪附红细胞体病　相似之处都是发热，畏寒，便秘腹泻交替后下痢，皮肤有败血变化。不同的是附红细胞体病可视黏膜先充血，后苍白，黄疸，皮下脂肪黄染，肝脏肿大、土黄、质地变脆，脾脏表面有粟米大至黄豆粒大新月形稍隆起的梗死灶。

［防治技术］

1. 预防措施

（1）加强饲养管理　本病主要是由于仔猪的饲养管理、卫生条件不良以及各种应激诱导发生和传播。因此，消除诱因，改善饲养管理和卫生条件，增强仔猪抵抗力，减少应激是关键。圈舍、食槽、饲养用具器械等保持清洁干燥、及时清粪、注意保暖。初生仔猪早吃初乳，提早补料，防止突然更换饲料。减少运输、饥饿、温度湿度变化、寄生虫感染以及其他病毒感染等。

（2）免疫预防　对仔猪副伤寒高发季节和该病高发地区的猪只进行免疫预防，根据猪场或当地沙门菌血清型选择适宜的疫苗免疫，常用疫苗一般有猪霍乱沙门菌 C500 株弱毒疫苗、猪霍乱沙门菌灭活疫苗、猪副伤寒沙门菌灭活疫苗、仔猪水肿副伤寒二联灭活苗等。理论上讲使用自家分离株或当地分离的菌株制备灭活疫苗进行免疫预防效果最佳，但难以实现。

（3）定期保健　当存在沙门菌的威胁时，在饲料和饮水中添加酸也被证实是防止其感染的有效方法。目前还常使用药物保健预防沙门菌病的发生，也可以使用益生菌进行保健预防。而药物保健涉及药物敏感性、药物性质（水溶脂溶）、给药途径（饲料饮水）、药物配伍、用药量、药物摄入量、特别是耐药性形成等众多方面的弊端，目前猪场的应用越来越谨慎。

2. 治疗 仔猪发病后，及时隔离治疗；猪舍清洁消毒，特别是饲槽保持干净、粪便及时清除；根据发病情况，对仔猪进行抗生素和对症治疗，对假定健康猪群进行预防保健。治疗副伤寒的方法较多，发病时间、地区、猪种、致病菌株等不同，疗效也有差异，治疗过程中要结合发病当时具体情况进行，为了杜绝各种机制导致的多重耐药性的形成，对于单纯性的沙门菌病，有条件可根据药敏试验结果选择敏感抗生素，切忌盲目用药，必须配以充足的剂量和疗程，一次性治愈。同时辅以对症治疗如补液、解毒、强心、收敛等，配合中药等进行。但无论采用何种治疗方法，必须首先改善饲养管理和卫生条件，才能得到满意效果。

第七节　猪附红细胞体病

猪附红细胞体病是附红细胞体（*Eperythrozoon*）引起猪的一种以急性黄疸性贫血、发热为特征的传染病。附红细胞体病于1932年首次在印度报道，目前已发现在世界大部分国家和地区广泛存在。1972年在我国江苏首次发现疑似病例，后确诊为猪附红细胞体病。随着我国规模化养猪业的发展，疾病的复杂程度加大，猪附红细胞体病已成为养猪生产中的突出问题，该病发生的报道基本覆盖我国所有省份，给我国养猪业造成了较大的经济损失。

[病原特性]

猪附红细胞体是立克次体目、无浆体科、附红细胞体属成员，直径0.2~2.5微米，单独、成对或成链状附着于红细胞表面。具有多种形态，多数呈环形、球形和椭圆形，少数呈杆状、月牙状、顿号形、串珠状等。在电镜下，猪附红细胞体呈圆盘状，表面有膜包被，无明显的细胞壁和细胞核结构，胞浆膜下存在微管、类核糖体颗粒（图 2-30）。在水浸片或血浆中可观察到附红细胞体做进退、曲伸、多方向扭转等自由运动。附红细胞体对苯胺色素易着染，革兰氏染色阴性，姬姆萨染色呈淡红或紫红色，瑞氏染色为淡蓝色。可在红细胞上以二分裂方式增殖，尚不能在非细胞培养基上培养。附红细胞体对干燥和化学药品比较敏感，0.5％石炭酸 37℃下 3 小时，或常用浓度消毒剂数分钟内均可杀灭。猪附红细胞体可耐低温，在含 15％甘油的血液中，－37℃下可保持感染力 80 天。在含枸橼酸盐的抗凝血中，5℃下能保存 15 天。在脱纤血中－30℃下可保存 83 天；冻干保存可存活 2 年。

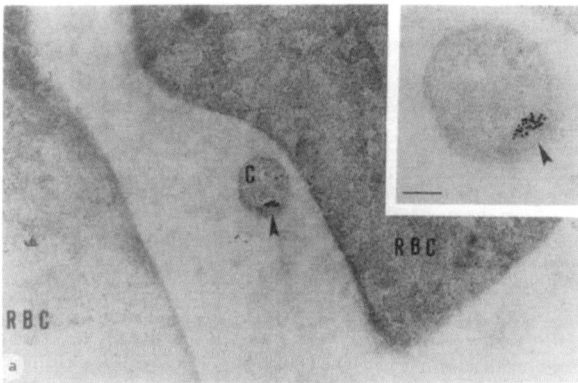

图 2-30　附于红细胞上的附红细胞体（电镜）

(Gwaltney SM et al. *In situ hybridizations of Eperythrozoon suis visualized by electron microscopy*)

［发病特点］

猪附红细胞体仅感染家猪，各种年龄猪均易感，以仔猪和母猪多见，其中哺乳仔猪的发病率和死亡率较高。病猪和隐性感染猪是主要传染源，隐性感染猪在有应激因素存在时，如饲养管理不良、长途运输、气温突变等，可引起血液中附红细胞体数量增加，出现明显临诊症状。耐过猪可长期携带病原并排毒。猪附红细胞体传播途径较多，可通过接触、血液、配种、垂直及虫媒等多种途径传播。一年四季都可发生，气候恶劣、饲养管理不善、疾病等应激因素可导致病情加重。猪附红细胞体病可继发于其他疾病，也可与某些疾病合并发生。

［临床症状］

附红细胞体感染多呈隐性经过，当其他疾病、饲养管理不善等应激因素引起猪只抵抗力下降时暴发本病。潜伏期一般为 6～10 天。仔猪、育肥猪、母猪感染时，临床症状有较大区别。

1. 仔猪 常呈急性经过，发病率和死亡率较高。急性期主要表现为皮肤黏膜苍白和黄疸，5 日龄以内仔猪主要表现为皮肤苍白和黄疸，4 周龄猪则以贫血为主，偶尔可见黄疸。病猪精神不振、食欲下降或废绝、反应迟钝、步态不稳、消化不良。体温升高达 42℃，四肢及耳廓边缘发绀，耳廓边缘浅红至暗红色是其特征症状。严重时可见整个耳廓、尾及四肢末端明显发绀。当感染持续的时间较长时，耳廓边缘甚至耳廓可能发生坏死。耐过仔猪往往生长不良而成僵猪，并可能再次发生感染。呈慢性经过时，病猪表现为消瘦、苍白，有的出现荨麻疹型或病斑型变态反应，有时腹部皮下可见出血点。

2. 育肥猪 常呈典型的溶血性黄疸，贫血症状较少见。常见皮肤潮红，毛孔处出现针尖大小的微细红斑（图 2-31），尤其以耳部皮肤明显，体温升高达 40℃以上。精神萎靡不振，食欲下降，死亡率较低。

3. 母猪 常呈急性或慢性经过，发病常见于临产母猪或分娩后 3～4 天母猪。急性期母猪表现食欲不振、精神萎靡，持续高热达 42℃，贫血，黏膜苍白，乳房或外阴水肿可持续 1～3 天，产奶量下降。发病母猪可发生繁殖障碍，表现为早产、产弱仔和死胎。母猪的受胎率降低，不发情或发情期不规律。

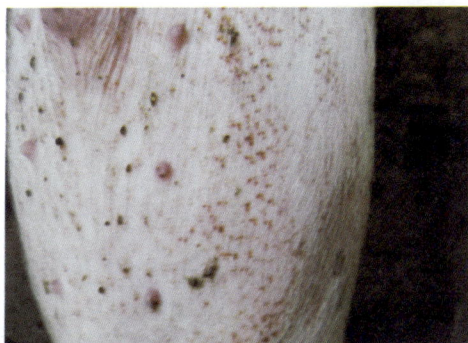

图 2-31　皮肤毛孔细微红斑
（潘耀谦等《猪病诊治彩色图谱》）

[病理变化]

　　发病猪黄疸和贫血，全身皮肤黏膜、脂肪和脏器显著黄染，全身肌肉色泽变淡，血液稀薄呈水样，血凝不良。全身淋巴结肿大、潮红、黄染（图 2-32）、切面外翻，有液体渗出。胸腔积液、腹腔积液、心包积液。心外膜和心冠脂肪出血黄染，有少量针尖大出血点，心肌苍白松软。肝脏肿大、质脆，细胞呈脂肪变性，呈土黄或棕黄色（图 2-33）。胆囊肿大，内有浓稠的胶冻样胆汁。脾肿大，质软而脆。肾肿大、苍白或呈土黄色，包膜下有出血斑。膀胱黏膜有少量出血点。肺瘀血、水肿。软脑膜充血，脑实质松软，上有针尖大的细小出血点，脑室积液。

　　组织学病变表现为肝实质灶状坏死，有淋巴细胞和单核细胞浸润，肝小叶间胆管扩张，有含铁血黄素沉着。脾小体中央动脉扩张充血，滤泡纤维素增生。肺间质水肿，肺泡壁增厚、毛细血管充血、有淋巴细胞浸润。肾小球囊腔变窄，内有红细胞和纤维素渗出，肾曲小管变性坏死。心肌变性。脑血管内皮细胞肿胀、周围间质增宽、有浆液性及纤维素性渗出。脑软膜充血、出血，有大量白细胞堆积。

图 2-32 全身黄染
（潘耀谦等《猪病诊治彩色图谱》）

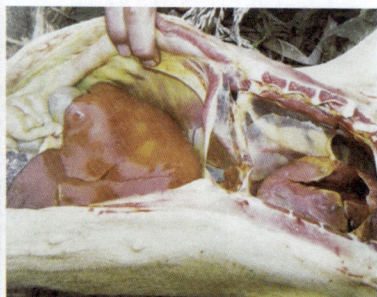

图 2-33 肝脏变性
（潘耀谦等《猪病诊治彩色图谱》）

[诊断要点]

根据上述流行病学、临诊症状和病理变化可以对本病做出初步诊断，但确诊需进行实验室诊断。实验室诊断主要有以下方法：

1. 鲜血压片镜检 采集病猪血液，加等量生理盐水混合后，加盖玻片，在显微镜下检查有无附着在红细胞表面或游离于血浆中的病原体，病原体呈球形、逗点形、杆状或颗粒状。血浆中的病原体可做伸展、收缩、转体等运动。还可见红细胞的形态变化，呈菠萝状、锯齿状、星状等不规则形态。

2. 全血涂片染色镜检 取病猪全血，涂片，进行姬姆萨染色，镜检，可见染成粉红色或紫红色的、呈不规则环形或点状的病原体。

3. 血清学检查 常用的血清学方法包括补体结合试验、间接血凝试验、荧光抗体试验、酶联免疫吸附试验。

4. 分子生物学方法 可采用 PCR 或荧光 PCR 检测血液中的附红细胞体，一般在猪感染附红细胞体后 24 小时即可检测到。

[防治技术]

1. 预防措施　对本病应采取综合性的防治措施。

（1）加强猪群饲养管理　科学选择饲料、做好温湿度控制和通风、减少应激因素、注意灭虫（蜱、虱子、蚤、螫蝇等吸血昆虫）。

（2）建立科学的卫生消毒制度　设置消毒池、消毒通道，防止外疫传入，保持猪舍的清洁，粪便及时清扫，定期消毒，定期驱虫，减少猪群的感染机会和降低猪群的感染率。

（3）控制好血液途径的传播　如开展注射疫苗、断尾、打耳号、去势等工作时，应注意器具的消毒和更换。

2. 治疗　对本病进行及时治疗可收到很好的效果，发病后期治疗效果较差。四环素类、阿散酸治疗效果较好。

第八节　猪喘气病

猪喘气病是一种慢性传染病，经呼吸道传播，以咳嗽、气喘为主要症状，断奶仔猪最易感。发病猪生长缓慢，饲料利用率低，严重的甚至引起猪只死亡。本病为猪场常见病之一，一旦发病，持续感染且难治愈，药物治疗一是增加饲养成本，二是致使猪肉中药物残留，给养猪业造成很大的经济损失。因此，研究该病的流行病学和病原特点，在猪养殖过程中进行科学管理，对预防猪喘气病的发生尤为重要，有利于规模化养殖业良好发展。

[病原特性]

猪喘气病由猪肺炎支原体（*Mycoplasma hyopneumoniae*）引起。猪肺炎支原体是原核生物，为革兰氏阴性菌，呈环状或球状（图2-34），无细胞壁，能够进行自我繁殖，自然宿主为猪。病原体可通过猪喘气、喷嚏或咳嗽排出体外，经呼吸道进入猪体，聚集并黏附于猪气管和支气管上皮细胞，损伤纤毛和上皮细胞，引发病变、坏死，甚至破坏呼吸道黏膜层，使纤毛发生萎缩或脱落，不能有效清除呼吸道中的碎片及入侵的病原菌，导致黏膜纤毛功能降低，从而引起猪的呼吸道疾病。在严寒环境下，猪肺炎支原体的活性无明显降低，能长期存活，但该支原体对热刺激较敏感，加热至特定温度后便很快死亡。另外，常规化学消毒方法可有效杀灭猪肺炎支原体，达到消毒的目的。

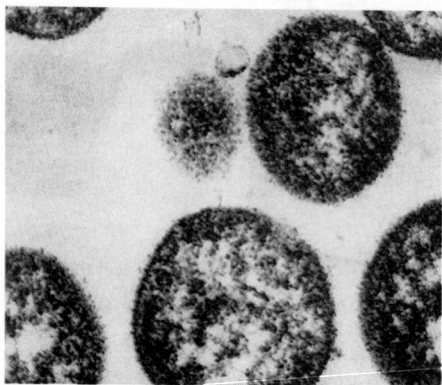

图 2-34　猪肺炎支原体
（潘耀谦等《猪病诊治彩色图谱》）

［发病特点］

猪喘气病在全国均有发生，其传染源为病猪和带菌猪，该病原体能长期存在于康复猪的呼吸道中，在气喘或咳嗽时，病原体随着分泌物排出体外形成飞沫。本病易感动物仅为猪，发病与猪的品种、年龄等情况关系不大，各种年龄、性别及品种的猪都易感，又以仔猪最易感。本病也可通过哺乳母猪传染给小猪。生猪成年后病情一般呈慢性经过，病程较长。

本病的季节性发病特点不显著，四季皆可发生，以冬春之交时最常见。发生与环境特点有一定关联性，若猪只密度大，猪舍环境潮湿、阴冷、不通风，或饲养环境发生巨大改变等情况，则发病率增加。

[临床症状]

猪喘气病的主要临床症状为气喘和咳嗽，然而在发病初期临床表现并不明显，一般有3～15天的潜伏期，猪肺炎支原体在体内迅速繁殖，之后出现典型症状。根据发病特点，主要分为三种表现形式：隐性感染、急性感染和慢性感染。

1. 隐性感染 病猪无明显症状，生长发育影响不大，剖检时可见肺炎病灶。多见于老疫区，隐性感染猪是重要的传染源，对猪群健康有潜在威胁，一旦出现较大温差、阴冷潮湿的天气或猪群免疫力下降，或者猪群移动，容易引发猪群的急性感染发病。

2. 急性感染 多见于新发猪群，且传染性强、发病率高，其中，妊娠母猪和哺乳仔猪发病率高。猪发病初期主要表现为干咳，有时流黏稠鼻涕，随着病情发展，咳嗽日益剧烈，转干咳为湿咳。发病中期，病猪剧烈喘气，腹式呼吸，或犬坐式呼吸，偶见痉挛性阵咳。发病晚期，病情加重，张口急促呼吸，流脓性鼻涕，偶见口吐白沫，食欲降低。病程1周左右，病死率较高。

3. 慢性感染 多发生在老疫区，患病猪多为育肥猪。病猪长期咳嗽，消瘦、发育不良，病程持续3～6个月，病死率较低，但易出现继发感染。

[病理变化]

本病的病理变化主要出现在肺脏，病猪腔体、肺泡及气管周围聚集了大量中性粒细胞，造成肺部不同程度的水肿和气肿，肺心叶、尖叶呈现肉样变化，为灰红色至紫红色，被膜紧张，病变区域明显（图2-35）。肺门和纵隔淋巴结肿大，切面湿润呈灰白色，质地较硬，偶尔边缘轻度充血。随着病程发展恶化，肺叶发生胰样变化（图2-36），由于支气管附近的淋巴细胞增多导致淋巴组织弥漫性增生，肺泡间隙增厚，支气管扩张困难，肺泡正常气体交换受到影响，致使患病猪出现气喘现象。

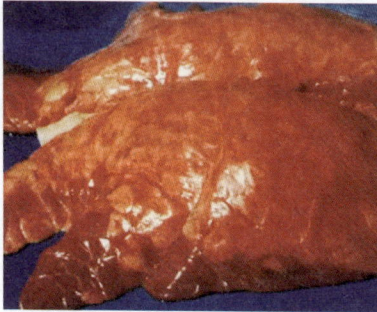

图2-35　急性肺气肿
（潘耀谦等《猪病诊治彩色图谱》）

图2-36　肺胰脏样变
（潘耀谦等《猪病诊治彩色图谱》）

［诊断要点］

猪喘气病可结合流行病学特点和临床症状做出初步诊断，可通过X光诊断进行确证，剖检观察肺部病理变化可确诊，亦可通过实验室检测方法进行确诊。

1. 临床诊断　在冬春交际或寒冷潮湿的季节，拥挤、通风不良的圈舍，病猪精神不振，出现咳嗽、喘气、呼吸频率增加甚至腹式呼吸等症状，能吃能睡，消化正常，一般无发病死亡，可初步诊断为喘气病。

与猪传染性胸膜肺炎的鉴别诊断：后者发病急，病程快，患病猪张口呼吸，无明显严重的咳嗽现象。

与猪肺疫的鉴别诊断：急性型猪肺疫病猪体温迅速升高，咽喉红肿明显；慢性型猪肺疫病猪咳嗽严重，但气喘表现轻。

与猪流感的鉴别诊断：猪流感在实际生产中多以暴发形式出

现，病猪体温升高，呼吸急促，食欲减退，阵发痉挛性咳嗽。猪流感与猪喘气病易混淆，需结合其他症状、条件进行鉴别。

2. 病理学诊断 猪喘气病的主要病理变化在肺部，肺气肿，肺心叶、尖叶呈肉样变。膈叶病变常两侧对称，且与正常组织界线明显，颜色多为灰红色，呈胶样浸润的半透明状态，严重的会出现胰样变。

3. X 线诊断 患病猪肺叶内侧出现不规则的云絮状渗出性阴影，边缘模糊，肺叶外围无明显变化。X 线诊断方法对猪喘气病的早期诊断有一定价值，但结合生产实际，应用较少。

4. 实验室诊断 可通过以下实验室检测方法进行肺炎支原体病原学诊断。

（1）PCR 诊断 猪肺炎支原体的 P36 蛋白是该病原体的特异性蛋白，对其进行扩增可用于猪喘气病的诊断。猪肺炎支原体难进行分离培养，PCR 的方法能快速检测出微量的病原体，敏感性强，可识别隐性和慢性猪喘气病。

（2）免疫荧光技术 通过荧光技术诊断猪喘气病的报道始见于1970 年，但该方法有一定局限性，仅适用于急性感染，即只有当病猪肺部存在大量肺炎支原体时有较高准确度。

（3）血清学诊断 间接血凝试验可用于诊断猪喘气病，敏感且操作快速简便，缺点是特异性较弱，容易与其他支原体存在交叉反应。补体结合试验也可用于猪喘气病早期的诊断，但对发病后期的敏感性较差。酶联免疫吸附试验（ELISA）诊断猪喘气病，特异性强，并能进行定量分析，在病程早中后期都有较高敏感性，是目前常用的诊断猪喘气病的方法之一。

［防治技术］

1. 预防 本病重在预防。由于猪肺炎支原体可通过接触或气溶胶传播，防控难，因此，猪喘气病的防控要点主要在种猪净化、环境控制、疫苗免疫等三个方面。

（1）种猪净化　养殖场应严格执行全进全出，对于引进种猪隔离并进行检验检疫，严格做到净化源头。

（2）猪场环境控制　环境控制对猪喘气病的预防有重要作用。因猪喘气病在冬春寒冷时节易发，应做好猪舍保温工作，并且确保舍内通风良好，切勿为了保暖而门窗紧闭，封闭猪舍增加了二氧化碳浓度，增大了患病率。同时，严格科学管理猪场，不同年龄的猪只分圈饲养，合理安排同舍猪只数量。及时清理猪舍粪便，确保舍内卫生，可选择在舍内外温差较小的时段，先开窗通风，再清理粪便。定期对猪舍进行消毒，转群时更应做好全面深度清洁和消毒。

（3）疫苗免疫　猪喘气病的免疫预防主要是接种弱毒冻干苗。对新生仔猪，7～15日龄首免，60～80日龄进行二免；对新引进的猪，如无可疑临床症状，应立即接种；其他后备猪、种猪，可在9月左右接种，每年一次。

2. 药物治疗　猪喘气病的治疗可用盐酸土霉素、泰妙菌素、林可霉素、四环素等，但四环素类药物停药后效果不佳。盐酸土霉素以患猪每千克体重日用药量300毫克的标准，用0.25％普鲁卡因稀释进行肌内注射，每日1次，连续5日。病情严重可延长5日。泰妙菌素以患猪每千克体重50毫克的剂量拌料给药，持续2周，该方法不适用于食欲减退的病猪，但对健康受威胁猪可起到预防作用。林可霉素每千克体重50毫克，1～2周治愈率高，病情严重时延长用药期，同时给轻微症状的患猪以每吨饲料200克的剂量拌料喂养3周，防治病情扩散。

猪喘气病是当前生猪养殖行业的常见病之一，给生产带来了重大损失，需要广大从业者加大重视，做到科学管理，严格执行，做好日常预防工作，降低疫病威胁，使养殖健康、稳定地发展。

第九节　猪丹毒

猪丹毒是红斑丹毒丝菌（*Erysipelothrix rhusiopathiae*）引起的一种急性热性传染病，俗称"打火印"。其主要特征为高热，急性呈败血症变化，亚急性在皮肤出现紫红色疹块，慢性则表现为疣性心内膜炎、皮肤坏死与多发性非化脓性关节炎。猪丹毒一般呈散发或地方性流行。目前集约化养猪场比较少见，但仍未完全控制。本病呈世界性分布，主要侵害架子猪。

［病原特性］

猪红斑丹毒丝菌是一种革兰氏阳性菌，在感染动物的组织触片或血片中，呈单在、成对或小丝状，不运动，不产生芽孢，无荚膜。本菌为平直或微弯纤细小杆菌，大小为 0.2～0.4 微米×0.8～2.5 微米。从陈旧的肉汤培养物内和慢性病猪的心内膜疣状物中分离的本菌常呈不分支的长丝状，也有呈中等长度的链状。本菌为微嗜氧菌，在普通培养基上能生长，如加入少许血液或者血清，并在10％二氧化碳中培养，则生长更佳；明胶穿刺培养，呈试管刷状生长。

猪红斑丹毒丝菌对盐腌、火熏、干燥、腐败和日光等自然环境的抵抗力较强。在病死猪的肝、脾内 4℃，159 天，毒力仍然强大。露天放置77 天的病死猪肝脏、深埋1.5 米231 天的病猪尸体、12.5％食盐处理并冷藏于 4℃ 148 天的猪肉中，都可以分离到猪丹毒丝菌。在一般消毒药，如 2％福尔马林、1％漂白粉、1％氢氧化钠或 5％石灰乳中很快死亡。对热的抵抗力较弱，肉汤培养物于 50℃经 12～20 分钟或 70℃ 5 分钟即可杀死。本菌的耐酸性较强，猪胃内的酸度不能杀死它，因此可经胃而进入肠道。

[发病特点]

猪丹毒常为散发性或地方流行性传染，有时也呈暴发性流行，是危害养猪业的一种重要传染病。一年四季均可发生，常发生在夏秋炎热多雨季节，冬春寒冷较少发病。不同年龄的猪均易感，随着年龄的增长而易感性降低，以 3 个月以上的架子猪发病率最高，3 个月以下和 5 年以上的猪很少发病。病猪和带菌猪是主要传染源，病猪的分泌物和排泄物可排出大量的猪丹毒丝菌，从而污染饲料、饮水用具及土壤等周围环境，落在土壤中的猪丹毒丝菌在温度和湿度适宜条件下可以生存繁殖。夏秋两季多雨，雨水冲刷土壤导致猪丹毒丝菌有机会扩大传染，且夏秋吸血昆虫活动频繁，更加助长了猪丹毒丝菌的传播。猪丹毒丝菌通常通过消化道进入动物机体，其次是经皮肤创伤感染，也可经虫媒传播。当隐形带菌的健康猪由于多种因素的影响抵抗力减弱时，也常引起内源性感染发病。

[临床症状]

潜伏期短的 1 天，长的 7 天，人工感染为 3～5 天。

1. 急性型 此型常见，发病猪以突然暴发、急性经过和高死亡率为特征，其他猪相继发病。病猪体温升高到 42℃ 以上，精神不振、不食、呕吐、寒战、共济失调，有时候后躯摇摆跛行。结膜充血，眼睛发出异常光亮。鼻、唇、耳及腿内侧等处皮肤呈不同程度紫红色；皮肤发红或出现红斑，指压褪色；后期转为瘀血、出血，指压不褪色，逐渐变紫红色（图 2-37）。粪便干硬，附有黏液，小猪后期下痢。常于 3～4 天内死亡。病死率 80％ 左右，不死者转为疹块型或慢性型。

2. 亚急性型（疹块型） 病程较缓和，其特征是皮肤表面出现疹块（图 2-38），俗称"打火印"。常在发病后 2～3 天在胸、腹、背、肩、四肢部的皮肤出现方形、菱形或不规则的疹块。初期充血，指压退色；后期瘀血，紫黑色。疹块发生后，体温逐渐恢复正常，数日后，病猪多自行康复。病程1～2周。

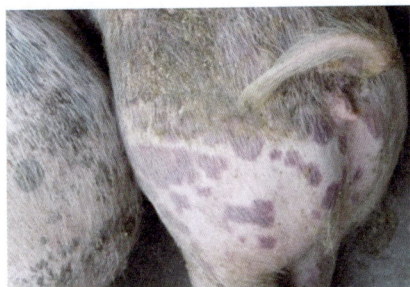

图2-37　皮肤出现紫红色斑块
（王泽洲等《主要猪病防治技术》）

图2-38　皮肤出现"打火印"疹块
（四川省动物疫病预防控制中心供图）

3. 慢性型

（1）慢性关节炎型　主要表现为四肢关节（腕、跗关节较膝、髋关节最为常见）的炎性肿胀、变形，病腿疼痛、跛行、僵硬。以后急性症状消失，而以关节变形为主，呈现一肢或两肢的跛行或卧地不起。病猪食欲正常，但生长缓慢，体质虚弱，消瘦。

（2）慢性心内膜炎型　主要表现消瘦，贫血，全身衰弱，喜卧，厌走动，强使行走，则举止缓慢，全身摇晃。听诊心脏有杂音，心跳加速，心律不齐，呼吸急促。此种病猪不能治愈，通常由于心脏停搏突然倒地死亡。溃疡性或椰菜样疣状赘生性心内膜炎。

（3）有时形成皮肤坏死　常发生于背、肩、耳、蹄和尾等部，病变皮肤肿胀、隆起、坏死、色黑、干硬、似皮革，逐渐与其下层新生组织分离，犹如一层甲壳。坏死区有时范围很大，可以占整个背部皮肤，有时可在部分耳壳、尾巴、末梢、各蹄壳发生坏死。经2～3个月坏死皮肤脱落，遗留一片无毛、色淡的疤痕而愈。如有继发感染，则病情复杂，病程延长。

[病理变化]

1. 急性型　全身淋巴结充血、肿大，切面外翻，多汁，呈浆液性出血性炎症。脾瘀血而显著重大，呈樱桃红色，质地松软，被膜紧张，边缘钝圆，切面外翻，呈典型的败血脾，脾白髓和小梁结构模糊，用刀背轻刮有多量血粥样物。肾瘀血、肿大，有"大紫肾"之称。心包积水，心肌炎症变化。肝充血，红棕色。肺瘀血、水肿，伴发点状出血（图 2-39）。

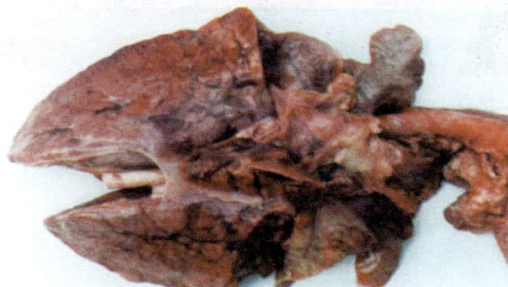

图 2-39　肺脏瘀血、水肿、点状出血
（王泽洲等《主要猪病防治技术》）

2. 亚急性型（疹块型）　疹块内血管扩张，皮下组织水肿浸润，疹块中央呈苍白色。死亡病例亦有上述败血症病变。

3. 慢性型　常见的有浆液性纤维素性关节炎、疣状心内膜炎和皮肤坏死三种主要病变。关节型多见于四肢一个或多个关节肿胀，关节增生肥厚，不化脓，切开关节囊有浆液性纤维素性渗出物，黏稠并带红色。心内膜炎时，见心脏一个或数个瓣膜表面有菜花样疣状赘生物。它是由肉芽组织和纤维性凝块组成，常见于二尖瓣。

[诊断要点]

根据流行特点、临床症状、病理变化等方面可初步诊断，确诊需要进行试验室病原分离鉴定。

1. 细菌学检查 以新鲜的病料（心血、脾、肾、肝、淋巴结、病变的心内膜炎和关节炎病变部位）抹片，革兰氏染色镜检，可见单个或成堆的细长小杆菌，白细胞内可见到成丛排列的细菌，在慢性心瓣膜制片中，可见单个或成堆的长丝状菌体。接种于鲜血琼脂平皿，37℃培养24～48小时，可见长出表面光滑、边缘整齐、圆形、针尖大小露珠样菌落，有蓝色荧光。明胶穿刺培养，生长成试管刷状，不液化明胶。肉汤培养时不形成菌落，有絮状沉淀物。

2. 动物试验 将新鲜病料做成1∶5～10乳剂，或24小时肉汤培养物，以0.2毫升皮下注射小白鼠，或1毫升肌内注射于鸽，待被接种动物在2～5天死亡后，将心血和脏器做细菌分离，可再次检出本菌。据以上动物试验，即可确诊。

3. 血清学试验 血清培养凝集试验，可用于血清抗体检测和免疫水平评价。方法是在含有抗猪丹毒血清的培养基中接种被检组织和纯培养物，37℃培养18～24小时，有凝集者即判为阳性。检测猪血清时，不发病猪凝集价在1∶20以下，发病或有免疫力的猪，凝集价在1∶320以上。此外，还可做免疫荧光抗体直接法、琼脂扩散试验、SPA协同凝集试验等。其中，SPA协同凝集试验，可用于细菌鉴定及菌株分型。

4. 鉴别诊断 发生急性猪丹毒时，要与猪瘟、猪肺疫、猪链球菌病、李氏杆菌病等相区分。

［防治技术］

1. 加强饲养管理 保持栏舍清洁卫生和通风干燥，避免高温高湿，加强定期消毒，对圈、用具定期消毒，对购入新猪隔离观察21天。加强饮水消毒，特别是使用自然水和浅表水的养殖户。发生疫情隔离治疗、消毒，全群及紧急免疫。未发病猪可用青霉素注射，每天2次，3～4天为止，加强免疫。

2. 预防免疫 种公、母猪每年春秋两次进行猪丹毒氢氧化铝甲醛苗免疫。育肥猪 60 日龄时进行 1 次猪丹毒氢氧化铝甲醛苗或猪瘟-丹毒-肺疫三联苗，免疫 1 次即可。发生过猪丹毒的猪场，种猪普免 2 次；仔猪 8 周龄 1 次，10～12 周龄免疫 1 次，防母源抗体干扰，一般 8 周以前不做免疫接种。

3. 药物治疗 在发病后 24～36 小时内治疗，首选药物为青霉素类（阿莫西林）、头孢类（头孢噻呋钠）。发病猪只隔离，每 50 千克体重注射阿莫西林 2 克＋清开灵注射液 20 毫升，每天 1 次，直至体温和食欲恢复正常后 48 小时，药量和疗程一定要足够，不宜停药过早，以防复发或转为慢性。同群猪用每吨饲料加清开灵颗粒 1 千克、70％水溶性阿莫西林 800 克，拌料治疗，连用 3～5 天。

疫病流行期间，预防性投药，全群用每吨饲料加清开灵颗粒 1 千克、70％水溶性阿莫西林 600 克，均匀拌料，连用 5 天。

第十节　猪肺疫

猪肺疫是由多杀性巴氏杆菌（*Pasteurella multocida*）所引起的一种急性、热性、出血性败血症，俗称"锁喉风""肿脖瘟"。其特征为最急性型呈败血症变化，咽喉部急性肿胀，高度呼吸困难；急性型呈纤维素性胸膜肺炎；慢性型主要表现慢性肺炎或慢性肠炎。该病分布很广，可感染不同日龄的猪，一年四季均可发生，但在气候剧变时多见，多散发。发病率不高，常继发于其他传染病。

［病原特性］

多杀性巴氏杆菌是两端钝圆、中央微凸的短杆菌，革兰氏染色阴性，大小为 0.5～1 微米。病料组织或体液涂片用瑞氏、姬姆萨氏法或美蓝染色镜检，菌体多呈现卵圆形，明显两极色浓，不运动，有荚膜，不产芽孢。本菌为需氧及兼性厌氧菌。在血清琼脂上生长的菌落，呈蓝绿色带金光，边缘有窄的红黄光带，称为 Fg 型；菌落呈橘红色带金光，边缘或有乳白色带，称为 Fo 型；不带荧光的菌落为 Nf 型。病料接种在麦康凯培养基上不生长。主要生化特性有氧化酶阳性、吲哚阳性、脲酶阳性。

本菌存在于病猪全身各组织、体液、分泌物及排泄物里，对物理和化学因素的抵抗力较低，普通的杀菌消毒药常用浓度对本菌都有良好的消毒力，但在腐败的尸体中可生存 1～3 个月。

［发病特点］

各种年龄的猪都可感染发病，小猪和中猪的发病率较高。病猪和健康带菌猪是传染源，病原体主要存在于病猪的肺脏病灶及各器官，存在于健康猪的呼吸道及肠管中，随分泌物及排泄物排出体外，经呼吸道、消化道及损伤的皮肤而传染。带菌猪由于受寒、感冒、过劳、饲养管理不当，使抵抗力降低时，可发生自体内源性传染。

猪肺疫常为散发，一般认为多杀性巴氏杆菌是一种条件性病原菌，当猪处在不良的外界环境中，如寒冷、闷热、气候剧变、潮湿、拥挤、通风不良、营养缺乏、疲劳、长途运输等，致使猪的抵抗力下降，这时病原菌大量增殖并引起发病。另外病猪经分泌物、排泄物等排菌，污染饮水、饲料、用具及外界环境，经消化道而传染给健康猪，也是重要的传染途径。也可由咳嗽、喷嚏排出病原，通过飞沫经呼吸道传染。此外，吸血昆虫叮咬皮肤及黏膜伤口都可传染。本病一般无明显的季节性，但以冷热交替、气候多变、高温季节多发，一般呈散发性或地方流行性。

［临床症状］

1. 最急性型 多表现为体温升高（41～42℃），全身发红，呈败血型，呼吸困难，黏膜发绀等临床症状，发病突然，1～2 天内死亡。大多口鼻流出白色泡沫样液体，少数流出液体呈淡红色，呈犬坐姿势（图 2-40），后期多表现为耳颈、下腹部及四肢内侧皮肤发绀或呈蓝紫色（图 2-41），不同程度出血症状。因发病急促，往往来不及治疗即死亡。

2. 急性型　除具败血症的一般临床症状外，还呈现急性胸膜肺炎症状。体温升高（41～42℃），初期发生痉挛性干咳，后期变为湿性痛咳，鼻孔流出黏稠液，有时混有血液。触诊胸部有剧烈疼痛，初期便秘，粪表面附有黏液，有时带血，后转为腹泻，病猪消瘦无力，多因窒息而死亡。多在 4～6 天死亡或转为慢性。

3. 慢性型　多流行于后期，表现为慢性肺炎和胃肠炎症状。有时持续性咳嗽与呼吸困难，鼻流少许黏脓性分泌物。有时出现痂样湿疹，关节肿胀，常有腹泻现象，食欲减退，进行性消瘦，多经 2 周以上衰竭而死，病死率 60%～70%。

［病理变化］

1. 最急性型　皮下组织可见大量胶冻样水肿液（图 2-42），全身淋巴结肿大，切面呈红色，黏膜有大量出血点，口、鼻腔、气管内残留有白色或淡红色泡沫样液体（图 2-43），阴部充血水肿，耳颈、下腹部及四肢内侧皮肤出血，实质器官变性，特征性可见肺充血、水肿（图 2-44），可见红色肝变区，质硬如肝样（图 2-45）。

2. 急性型　主要表现为肺有肝变区，面积大小不等，剖开呈暗红色或灰红色，常有干酪样坏死灶。肺小叶间质增宽，充满胶冻样液体。胸腔积有含纤维蛋白凝块的混浊液体。胸膜附有黄白色纤维纱，病程较长的，胸膜发生粘连。

3. 慢性型　可见尸体极度消瘦、贫血。肺肝区广大，并有黄色或灰色坏死灶，外面有结缔组织包裹，内含干酪样物质。肺炎灶周围组织水肿、充血（图 2-46）。心包有胸腔积液，肺膜和心外膜有纤维素性沉着（图 2-47），肋膜肥厚，常与病肺粘连。有时在肋间肌、支气管周围淋巴结、纵隔淋巴结及扁桃体、关节和皮下组织见有坏死灶。

图 2-40　呼吸困难，犬坐姿势

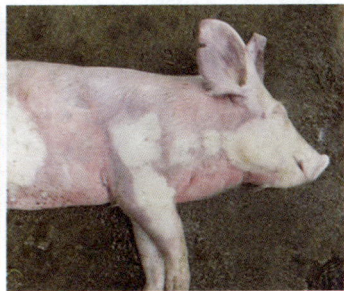

图 2-41　败血性，皮肤发绀

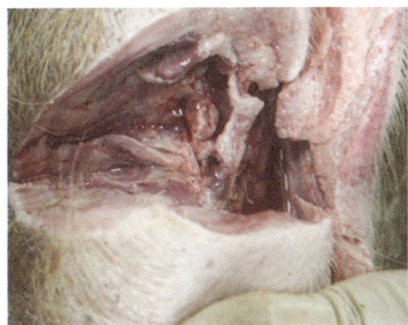

图 2-42　颈部肿胀

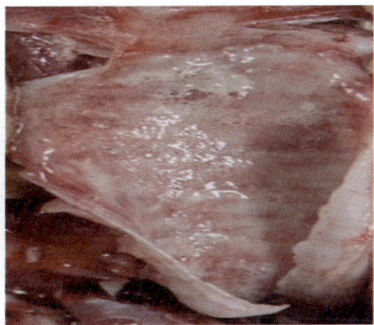

图 2-43　气管内有白色或淡红色泡沫样液体

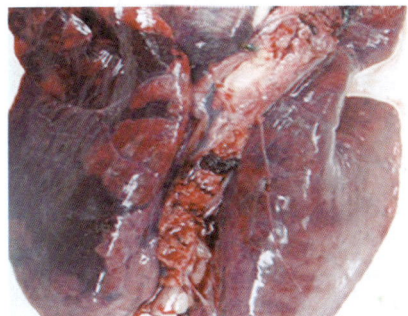

图 2-44　肺充血、水肿

图 2-45　肺脏实变

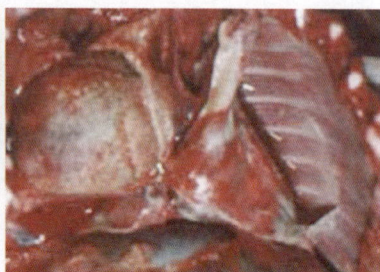

图 2-46　肺炎灶周围组织　　　　　图 2-47　肺膜、心外膜的
　　　　　水肿、充血　　　　　　　　　　　　纤维素性炎

（图 2-40～图 2-47 来源：王泽洲等《主要猪病防治技术》）

［诊断要点］

本病的最急性型病例常突然死亡，而慢性病例的症状、病变都不典型，并常与其他疾病混合感染，单靠流行病学、临床症状、病理变化诊断难以确诊，应根据流行病学、症状、病理变化及细菌学检查的综合资料分析、判定。

1. 实验室检查　最直接的方法是涂片镜检。采取最急性型和急性型病猪的心、肝、脾或体腔内渗出物，涂片或触片，用吉姆萨或碱性美蓝液染色后镜检。若均可见两端染色较深、中央染色较浅的长椭圆形球杆菌，再结合临诊症状及病变即可确诊。另外，可分离病原菌予以确诊。

动物接种试验：取新鲜病料，以灭菌生理盐水制成 1∶10 悬液，0.1～0.2 毫升接种于小鼠皮下或腹腔，0.2～0.3 毫升接种于鸽腹腔或皮下，0.5 毫升接种于家兔皮下，被接种动物 1～2 天后发病、死亡，剖检观察病变，将器官组织涂片和培养，可检出两极浓染的小杆菌。

药敏试验：挑上述分离株的菌株按常规药敏纸片法作药敏试验，结果分离株对盐酸环丙沙星高敏，对庆大霉素中敏，对青霉素、链霉素、氨苄西林、卡那霉素、四环素、红霉素、多西环素、先锋霉素、麦迪霉素、万古霉素、杆菌肽、复方新诺明不敏感。

2. 鉴别诊断 猪肺疫症状易与猪喘气病和猪接触传染性胸膜肺炎混淆，注意区别。猪喘气病主要表现为气喘、咳嗽，体温不高，全身症状轻微，剖检肺内有对称性肉样变，界限明显，无化脓和坏死病变。猪接触传染性胸膜肺炎则主要表现为肺炎肝变区呈一致紫红色。而猪肺疫肺炎肝变区有红色和灰色等不同变化。涂片染色镜检，见到不同的病原体。

[防治技术]

1. 加强饲养管理 做好卫生工作，增强猪体的抵抗力，消除可能降低机体抗病能力的因素和致病诱因，如圈舍拥挤、通风采光差、潮湿、受寒等。圈舍、环境定期消毒。在条件允许的情况下，提倡早期断奶。采用全进全出制的生产程序，减少从外面引猪，降低猪群的密度等措施可能对控制本病会有所帮助。发生本病时，应将病猪隔离、封锁、严密消毒，同栏的猪用血清或用疫苗紧急预防，对散发病猪应隔离治疗，消毒猪舍。

2. 免疫预防 每年春秋两季定期进行预防注射，我国目前使用两种菌苗：一种为猪肺疫氢氧化铝甲醛菌苗，断奶后的仔猪皮下注射 5 毫升，注射后 14 天产生免疫力，免疫期为 6 个月；另一种为口服猪肺疫弱毒冻干菌苗，按瓶签说明的头份，用水稀释后，混入饲料或水中喂猪，使用方便，免疫期 6 个月。

3. 药物预防和治疗 对常发病猪场，要在饲料中添加抗菌药进行预防。

治疗：发生本病时，应将病猪隔离，严格消毒。发病初期可用高免血清 20~30 毫升，肌内注射效果明显。青霉素、链霉素和四环素族抗生素与磺胺药合用或者高免血清与抗生素合用，对猪肺疫疗效更佳；盐酸环丙沙星每千克体重 25 毫克，加生理盐水 1000～2000 毫升，耳静脉输液，连用 5 天后痊愈。在治疗上特别要强调的是，本菌极易产生抗药性，因此有条件的应做药敏试验，选择敏感药物治疗。

第十一节　猪李氏杆菌病

猪李氏杆菌病是由产单核细胞李氏杆菌（*Listeria monocytogenes*）引起人畜共患的传染病。猪患病的主要病征为单核细胞增生、脑膜炎、败血症和妊娠母猪发生流产、中枢神经系统机能障碍等。该病发病率低，死亡率高，各年龄段猪都可发病，幼龄猪和妊娠母猪较易感。气候变化、微量元素缺乏、患有内寄生虫病或沙门氏菌病等时，可促使本病的发生。本病常年散发于我国多省，多地均有报道，偶尔呈地方性流行。虽在我国未曾大范围流行，但地方性的散发也给养殖户造成了一定的损失。

［病原特性］

猪李氏杆菌病由产单核细胞李氏杆菌引起。该菌为革兰氏阳性菌，镜下观察呈规则的短杆状，两端钝圆，具有鞭毛，没有荚膜，不形成芽孢，呈 V 形排列或并列。最适宜生长温度为 22℃ 和 37℃。该菌有 15 种 O 抗原和 4 种 H 抗原，现已明确的有 7 个血清型和 11 个亚型，引起猪发病的为 I 型，常导致猪的脑膜炎和败血症。

产单核细胞李氏杆菌抵抗力较强，pH5.0 以下缺乏耐受性，pH5.0 以上可繁殖，且在 pH9.6 的条件下依旧可以生长。可耐高浓度的氯化钠溶液，10％氯化钠溶液中仍能生长，在 20％的氯化钠溶液中不易死亡。耐热性比大部分无芽孢杆菌都要强，巴氏消毒法不能灭活，65℃下需要 30～40 分钟才被灭活。本菌对大多数常用的消毒剂敏感，对青霉素有抵抗力，对链霉素敏感，但易形成抗药性，对四环素类和磺胺类药物敏感。

[发病特点]

猪李氏杆菌病在全国散发流行，所有感染病菌的猪都可出现发病，并携带病菌变成传染源。该病主要通过患病猪的粪便、尿液、乳汁、精液及其他分泌物散播，经由消化道、呼吸道、眼结膜、受伤的皮肤及黏膜等多种途径侵入动物机体引起发病。饲料为主要传播媒介，吸血昆虫也可以传播，气候变化、患有内寄生虫病或沙门菌病等均可促使本病的发生，土壤肥沃的地方发病较多。幼龄猪的易感性较高，呈急性发病，死亡率也较高。妊娠母猪易感且易发生流产。

[临床症状]

猪李氏杆菌病的自然感染潜伏期一般为 2~3 周，可由数日至 2 月余不等。症状主要以发热、神经症状、妊娠母猪流产、幼龄猪呈败血症为特征。主要临床症状可分为败血型、脑膜炎型和混合型。

最常见的是混合型，多见于哺乳仔猪。病猪突然发病，体温升高至 41~42℃，吮乳减少甚至不吃，呼吸困难、粪便干燥、排尿少、大腿根处发绀。中后期体温逐步下降，病程 1~3 天，长的可达 4~9 天或半余月。多数病猪症状为脑膜炎症状，兴奋不安、运动失调、步态跟跄、肌肉震颤、乱跑乱跳。部分病猪的两前肢会不由自主地呈八字形前蹬，导致机体不断后退，部分四肢会呈八字形张开，头颈后仰如同观星姿势，部分侧卧倒地，四肢呈游泳状乱划，遇刺激时则出现惊叫。较大的猪呈现共济失调，步态不协调，有的后肢麻痹，不能起立，有的拖地行走。幼猪病死率很高，成猪可能耐过康复。母猪感染一般无明显的临诊症状，但妊娠母猪感染常发生流产，一般引起妊娠后期母猪的流产，流产母猪子宫内膜和胎盘部位充血、出血、广泛坏死。

[病理变化]

1. 脑膜炎型　病理变化主要出现在脑和脑膜，可见脑实质及脑膜发生充血、出血或水肿，脑脊髓液增多、轻度混浊。脑干尤其是延脑脑桥和脊髓质地变软，存在小的病灶。病理组织学检查发现血管发生充血，周围可见以单核细胞为主的细胞浸润，形成血管套。脑组织有局灶性坏死以及小神经胶质细胞以及中性粒细胞浸润。由于中性粒细胞的液化作用形成小脓灶，在脑桥和髓质部最多见。

2. 败血型　病理变化主要出现在肝脏，可见灰色局灶性坏死，脾、肺、心肌、淋巴结、肾上腺、胃肠道和脑组织等中也有小的坏死灶。流产的患病母猪子宫内膜会发生充血、出血，甚至是大面积坏死，胎盘子叶往往存在出血和坏死。流产胎儿肝脏有大量小的坏死灶，胎儿可发生自体溶解。

[诊断要点]

猪李氏杆菌病可结合流行病学特点、临床症状和病理变化做出初步诊断。如表现特殊神经症状，妊娠母猪流产，剖检见到脑膜充血、水肿，肝有小坏死灶，镜检脑组织见有以单核细胞浸润为主的血管套和微细的化脓灶等病变，可做出初步诊断。可通过病原菌分离与鉴定和免疫血清学诊断进行确诊。本病应注意与猪伪狂犬病、猪传染性脑脊髓炎等进行鉴别。

1. 细菌学检查　根据临诊症状和病变的不同在不同部位采取病料，可以采集血液、肝脏、脾脏、脑实质、脑脊髓液、阴道子宫分泌物以及流产胎儿的肝脏、脾脏等进行镜检和分离培养。取肝、脾、脑组织等进行触片、图片或直接抹片，革兰氏染色镜检，可见有呈 V 字排列或并列的革兰氏阳性细小杆菌。将病料接种于葡萄糖琼脂平板或亚硝酸钠胰蛋白胨琼脂平板进行分离培养鉴定，可长出露滴状菌落，呈 β 溶血，培养平板的细菌菌落呈典型的中央黑色而周围绿色特征。

2. 动物接种试验 取 1 滴经过 24 小时培养的菌体纯培养物滴在兔或豚鼠的眼内，另一侧不滴用于对照，兔在 1 天后内发生化脓性角膜炎和结膜炎，豚鼠经 4 天发生化脓性结膜炎，或不久发生败血症死亡。将 0.5 毫升纯培养物接种于幼兔耳静脉，经 3～7 天会发生体温升高，观察血液中单核细胞数量增加，可上升 40％以上，接种剂量大时表现出脑膜炎症状。实验动物死亡后通过剖检能够发现肝、脾、脑有坏死灶，有时还发生脑膜炎和心肌脓肿症状，如进行分离可找到本菌。妊娠 2 周的动物接种后可发生流产。

3. 实验室诊断 采用荧光抗体法可做快速诊断，此外也可用凝集试验和补体结合试验。凝集反应可用李氏杆菌Ⅰ的 O 抗原作凝集反应，并结合病原检查，可以检出猪群中隐性或潜伏感染的动物。

[防治技术]

1. 防控 猪李氏杆菌病目前尚无有效的疫苗用于预防。预防本病应做好平时猪场的卫生、防疫和饲养管理，处理好排泄物。减少饲料和环境中的细菌污染，怀疑发病与饲料有关需改用其他饲料。不要从疫区猪场进行引种。平时做好猪场的灭鼠工作。定期驱除猪体内外寄生虫。

本菌对大多数消毒剂敏感，可用漂白粉、新洁尔灭溶液等消毒剂对猪舍、笼具、用具、环境和饲槽等进行消毒，并采取综合防疫措施。猪场大门入口设置消毒池对进入的车辆、人员进行车轮和鞋底消毒，同时猪场周围撒生石灰防止疫情扩散。人员在接触患病动物尸体时注意个人防护以避免感染。

2. 治疗 应及时将病猪隔离治疗，严格消毒。发病初期可选用链霉素、庆大霉素、氨苄西林、安普霉素和磺胺类药物等，并且要大剂量，可取得较好的治疗效果；20%复方磺胺嘧啶钠 10～20毫升肌内注射；氨苄西林每千克体重 5～15 毫克肌内注射；庆大霉素每千克体重 2～3 毫克肌内注射，每天 2 次，连用 3～5 天；盐酸金霉素每千克体重 40 毫克，用甘氨酸钠注射液稀释后耳静脉注射，每天 1 次，连用 3 天；10%磺胺嘧啶钠，每千克体重首次剂量为0.14 克，维持量为 0.07 克，腹腔注射，每天 2～3 次；链霉素和青霉素混合使用，按每千克体重各 2 万～3 万单位的剂量肌内注射，每天 2 次，连用 3～5 天；氨苄西林每千克体重 2～7 毫克，与庆大霉素每千克体重 1000～2000 单位联合肌内注射，每天 2 次，连用 3～5 天。对于已经出现神经症状的猪，受损的脑细胞难以恢复，最终治疗效果大都难以奏效，因此治疗本病的最佳时期是在发病初期，病情越往后发展治疗效果越差。

第十二节　猪传染性胸膜肺炎

猪传染性胸膜肺炎又称猪副溶血嗜血杆菌病或猪嗜血杆菌胸膜肺炎，是一种呼吸道传染病，其病原为猪胸膜肺炎放线杆菌（*Actinobacillus pleuropneumoniae*，APP）。本病以呈现纤维素性肺炎或纤维素性胸膜肺炎的症状和病变为特征，急性病例的死亡率高，慢性者常能耐过。常易继发其他疾病，导致病猪生长发育受阻，饲料报酬明显降低，给养猪业带来巨大的济损失。本病自 1957 年发现以来，已在世界范围内广泛流行，且有逐年增长的趋势，随着集约化养猪业的发展，对养猪业的危害越显严重。近年来，本病被国际公认为是危害现代养猪业的重要传染病之一，在美国、丹麦，瑞士等国被列为主要猪病之一。

[病原特性]

本病的病原以前称为胸膜肺炎嗜血杆菌或副溶血嗜血杆菌，但DNA 杂交试验表明，本菌与林氏放射杆菌有很高的同源性，故于1983 年将之列入放线杆菌属，称为胸膜肺炎放线杆菌。

胸膜肺炎放线杆菌为兼性厌氧的革兰氏阴性小杆菌，具有典型的球杆形态，能产生荚膜，但不形成芽孢，无运动性（图 2-48）。在普通营养基上不长，需添加 V 因子，常用巧克力培养基培养。CAMP 试验阳性（图 2-49），在绵羊血平板上，可产生稳定的 β 溶血，金黄色葡萄球菌可增强其溶血圈。

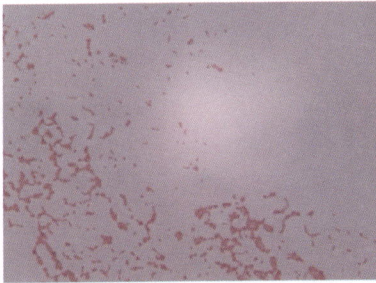

图 2-48　猪胸膜肺炎放线杆菌
　　　　　革兰氏染色

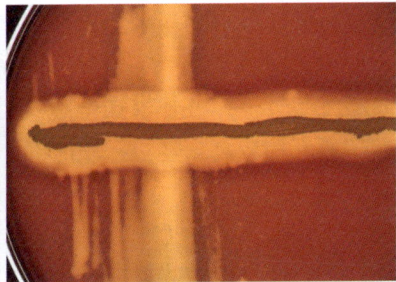

图 2-49　CAMP 试验阳性

（四川省动物疫病预防控制中心供图）

根据其荚膜多糖及 LPS 的抗原性差异，目前将本菌分为 15 个血清型，其中 1 型和 5 型又分为 1a 与 1b 及 5a 与 5b 两亚型。根据其对烟酰胺腺嘌呤二核苷酸（NAD）的依赖性，又分为生物 Ⅰ 型和生物 Ⅱ 型，Ⅰ 型依赖 NAD，包括 1～12 及 15 血清型，Ⅱ 型不依赖 NAD，含 13、14 型。各血清型的毒力有差异，其中 1、5、9 及 11 型最强，3 和 6 型毒力低。

胸膜肺炎放线杆菌抵抗力不强，对常用消毒剂敏感，60℃下5～20 分钟即可被杀灭。

胸膜肺炎放线杆菌的毒力因子较复杂，主要包括荚膜多糖、脂多糖、外膜蛋白、转铁结合蛋白、蛋白酶、渗透因子和溶血素等。毒素是本菌最重要的毒力因子，现证明不同血清型的菌株可产生 4 种细胞毒素，名为 Apx，具有细胞毒性或溶血性，是一种穿孔毒素，属于含重复子毒素（RTX）家族。

[发病特点]

猪是胸膜肺炎放线杆菌高度专一性的宿主，不同年龄的猪均有易感性，但以 3～5 月龄的猪最易感。病猪和带菌猪是本病的传染源。病原寄生在猪肺坏死灶内或扁桃体，较少在鼻腔。经空气或猪与猪直接接触传染。据报道，当本病急性暴发时，常可见到感染从一个猪舍跳跃到另一个猪舍。饲养环境不良、管理不当可促进本病的发生与传播，并使发病率和死亡率升高。初次发病猪群的发病率和病死率均较高，经过一段时间，逐渐趋向缓和，发病率和病死率显著减少。

一年四季均可发生，但以秋末与初春的寒冷季节较多发。

[临床症状]

根据病猪的临床经过不同，本病一般可分为最急性型、急性型、亚急性型和慢性型 4 种。

1. 最急性型　一头或几头仔猪突然发病，体温高达 41.5℃ 以上，精神极度沉郁，食欲废绝，并有短期的下痢及呕吐。病初循环障碍表现得较为明显，病猪的耳、鼻、腿和体侧皮肤发绀；继而出现严重的呼吸障碍。病猪呼吸困难，张口喘息，常站立不安或呈犬卧姿势；临死前从口鼻流出泡沫样带血色的分泌物，一般于发病 24～36 小时内死亡。也有的猪因突发败血症，无任何先兆而急速死亡。

2. 急性型　有较多的猪只同时受侵。病猪体温升高，精神不振，食欲减退，有明显的呼吸困难、咳嗽、张口呼吸等较严重的呼吸障碍症状。病猪多卧地不起，常呈犬卧姿势或犬坐姿势，全身皮肤瘀血呈暗红色。有的病猪还从鼻孔中流出大量的血色样分泌物，污染鼻孔及口部周围的皮肤。如及时治疗，则症状较快缓和。能度过 4 天以上，则可逐渐康复或转为慢性，此时病猪体温不高，发生间歇性咳嗽，生长迟缓。

3. 亚急性型 体温升高至 40.5～41.5℃，通常由急性型转变而来，主要表现为气喘、食欲不振和间歇性咳嗽，最后可逐渐痊愈或转为慢性型经过。

4. 慢性型 精神和食欲变化不明显，但消瘦、生长缓慢，饲料报酬降低。

[病理变化]

1. 最急性型 眼观患猪流有血色样鼻液，气管和支气管腔内充满泡沫样血色黏液性分泌物。肺炎病变多发生于肺的前下部，而边界清晰的不规则出血性实变区或坏死灶则常见于肺的后上部，特别是靠近肺门的主支气管周围。肺泡和肺间质水肿，淋巴管扩张，肺充血、出血以及血管内纤维素性血栓形成。

2. 急性型 死亡猪可见到明显的剖检病变。喉头、气管和支气管内充满泡沫状带血的分泌物。肺炎多为双侧性，常发生于心叶、尖叶及膈叶的一部分，病灶的边界清晰，呈紫红色，坚实，肺间质积留血色胶样液体。随着病程的发展，纤维素性胸膜肺炎蔓延至整个肺脏（图 2-50）。

3. 亚急性型 肺脏可能出现大的干酪样病灶或空洞，空洞内可见坏死碎屑。由于继发菌感染，致使肺炎病灶转变为脓肿，此时在病猪的气管内常见大量的黄白色化脓性纤维素性假膜。肺表面被覆的纤维素性渗出物被机化后常与肋胸膜发生纤维素性粘连。

4. 慢性型 肺脏上可见大小不等的结节，结节周围包裹有较厚的结缔组织，结节有的在肺内部，有的突出于肺表面，并在其上有纤维素附着而与胸壁或心包粘连，或与肺之间粘连。心包内可见到出血点。

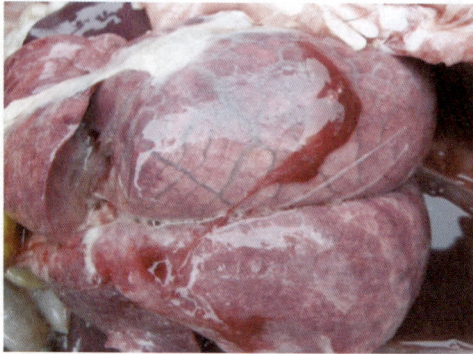

图 2-50　肺表面纤维素性渗出
（四川省动物疫病预防控制中心供图）

[诊断要点]

依据临床症状和特殊的病理变化，结合流行病学，可做出初步诊断。确诊则必须进行实验室检查。

1. 实验室诊断　从鼻腔或气管分泌物、胸水、肺脏病变部位采取病料涂片或触片，作革兰氏染色，显微镜检查，如可看到革兰氏阴性两极染色的球杆菌，可进一步鉴定。取上述病料接种 7％马血巧克力平板、划有表皮葡萄球菌十字线的 5％绵羊血平板或加入 V 因子和灭活牛血清的 TSA 平板上，于 37℃含 5％～10％ CO_2 条件下培养。如分离到可疑菌落，可进行生化特性、CAMP 试验、溶血性测定等检查。血清学诊断包括补体结合反应、酶联免疫吸附试验、琼脂扩散试验、直接凝集试验等。近年来则采用分子生物学检测方法，PCR 检测荚膜合成相关基因等，可达快速诊断和定型。

2. 鉴别诊断

（1）猪肺疫　猪传染性胸膜肺炎与猪肺疫的症状和肺部病变都

相似，较难区别。但急性猪肺疫常见咽喉部肿胀，皮肤、皮下组织、浆膜和黏膜以及淋巴结有出血点，而猪传染性胸膜肺炎的病变往往局限于肺和胸腔。

（2）猪喘气病　猪传染性胸膜肺炎与猪喘气病的症状有些相似，但猪喘气病的体温不高，病程长，肺部病变对称，呈胰样或肉样变，病灶周围无结缔组织包裹，而有增生性支气管炎变化。

[防治技术]

1. 预防措施

（1）加强饲养管理　严格卫生消毒措施，注意通风换气，保持舍内空气清新。减少各种应激因素的影响，保持猪群足够均衡的营养水平。从无病猪场引进公猪或后备母猪，防止引进带菌猪。采用"全进全出"饲养方式，猪出栏后圈舍彻底清洁消毒，空栏1周才重新使用。

（2）疫苗免疫　目前国内外均已有商品化的灭活疫苗用于本病的免疫接种。一般在5～8周龄时首免，2～3周后二免。母猪在产前4周进行免疫接种。

2. 治疗措施　常用的有效治疗药物有青霉素、卡那霉素、四环素、链霉素及磺胺类药物，用药的基本原则是肌内或皮下大剂量注射，并重复给药。一般的用药剂量为：青霉素每头每次40万～100万单位肌内注射，每天2～4次。能正常采食者，可在饲料中添加抗生素或磺胺类药物，可以控制本病的发生。

当连续使用某种药物数天而无效时，可能细菌对该种药物产生了耐药性，应立即更换药物，或几种药物联合使用。

第十三节　猪传染性萎缩性鼻炎

猪传染性萎缩性鼻炎又称慢性萎缩性鼻炎或萎缩性鼻炎，是由支气管败血波氏杆菌（*bordetella bronchiseptica*，Bb）和产毒素多杀性巴氏杆菌（*toxigenic pasteurella multocida*，T^+Pm）引起的猪的一种慢性接触性呼吸道传染病。它以鼻炎、鼻中隔扭曲、鼻甲骨萎缩和病猪生长迟缓为特征，临诊表现为打喷嚏、鼻塞、流鼻涕、鼻出血、颜面部变形或歪斜，常见于 2～5 月龄猪。目前已将这种疾病归类于两种表现形式：非进行性萎缩性鼻炎（NPAR）和进行性萎缩性鼻炎（PAR）。本病现已在世界范围内广泛流行，世界动物卫生组织（OIE）于 2002 年将其列为 B 类动物疫病。

[病原特性]

大量研究证明，产毒素多杀性巴氏杆菌和支气管败血波氏杆菌是引起猪传染性萎缩性鼻炎的病原。由支气管败血波氏杆菌引起的称为非进行性萎缩性鼻炎，被感染猪可引起较温和的非进行性鼻甲骨萎缩，但一般无明显鼻甲骨病变；由产毒素多杀性巴氏杆菌引起或与其他因子共同感染引起的称为进行性萎缩性鼻炎，可导致猪鼻甲骨产生不可逆转的损伤。但除病原因子外，环境及应激因素等也有助于本病发生。任何一种营养成分缺乏，不同日龄的猪混合饲养、拥挤、过冷、过热、空气污浊、通风不良、长期饲喂粉料等饲养方式，甚至遗传因素等均能促进本病的发生，其他如铜绿假单胞菌、放线菌、猪细胞巨化病毒、疱疹病毒也参与致病过程，使病理变化加重。

产毒素多杀性巴氏杆菌产生一种皮肤坏死毒素，主要是多杀性巴氏杆菌荚膜血清 D 型菌株，极少数 A 型菌株也产毒素。

支气管败血波氏杆菌为球杆菌，呈两极染色，革兰氏染色阴性，有周鞭毛，需氧，培养基中加入血液可助其生长。支气管败血波氏杆菌不论在动物的鼻腔内或人工培养上均极易发生变异，有 3 个菌相。其中病原性强的菌相是有夹膜的 I 相菌，具有 K 抗原和强坏死毒素（似内毒素），该毒素与产毒素多杀性巴氏杆菌所产的皮肤坏死毒素有很强的同源性，Ⅱ相菌和Ⅲ相菌则毒力弱。Ⅰ相菌由于抗体的作用或在不适当的条件下，可向Ⅲ相菌变异。Ⅰ相菌感染新生猪后，在鼻腔里增殖，存留的时间可长达1年。

产毒素多杀性巴氏杆菌和支气管败血波氏杆菌对外界环境的抵抗力不强，一般消毒剂均可使其致死。

[发病特点]

猪传染性萎缩性鼻炎在猪群内传播比较缓慢，多为散发或地方流行。各种应激因素可使发病率增加。任何年龄的猪都可感染本病，但以仔猪的易感性最高。1周龄的猪感染后可引起原发性肺炎，并可导致全窝仔猪死亡，发病率一般随年龄增长而下降。1月龄以内的感染，常在数周后发生鼻炎，并引起鼻甲骨萎缩。断奶后感染，一般只产生轻微病理变化，有的只有组织学变化。但也有病例甚至发生严重病理变化。品种不同的猪，易感性也有差异，国内土种猪较少发病。病猪和带菌猪是主要传染源。其他动物如犬、猫、家畜（禽）、兔、鼠、狐及人均可带菌，甚至引起鼻炎、支气管肺炎等，因此也可能成为传染源。传染方式主要是飞沫传播，传播途径主要是呼吸道。

[临床症状]

猪传染性萎缩性鼻炎早期临诊症状，多见于6～8周龄仔猪，表现鼻炎，打喷嚏、流涕和吸气困难。流涕为浆液、黏液脓性渗出物，个别猪因强烈喷嚏而发生鼻出血。病猪常因鼻炎刺激黏膜而表现不安，如摇头、拱地、搔抓或摩擦鼻部直至摩擦出血，发病严重猪群可见患猪两鼻孔出血不止，形成两条血线。圈栏、地面和墙壁上布满血迹，吸气时鼻孔开张，发出鼾声，严重的张口呼吸。由于鼻泪管阻塞，泪液增多，在眼内眦下皮肤上形成弯月形的湿润区，被尘土沾污后黏结成黑色痕迹，称为"泪斑"（图 2-51）。

继鼻炎后常出现鼻甲骨萎缩，致使鼻梁和面部变形，此为本病特征性临诊症状，如两侧鼻甲骨病理损伤相同时，外观可见鼻短缩，此时因皮肤和皮下组织正常发育，使鼻盘正后部皮肤形成较深的皱褶。若一侧鼻甲骨萎缩严重，则使鼻弯向同一侧，鼻甲骨萎缩，额窦不能正常发育，使两眼间宽度变小和头部轮廓变形。病猪体温、精神、食欲及粪便等一般正常，但生长停滞，有的成为僵猪。

图 2-51　泪斑
（潘耀谦等《猪病诊治彩色图谱》）

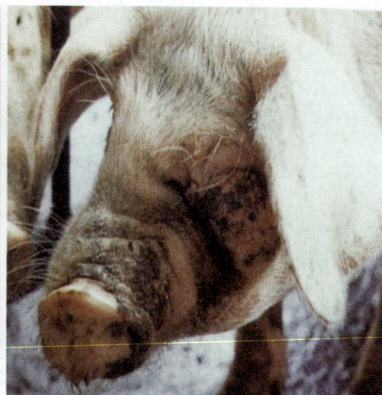

图 2-52　鼻甲骨萎缩，鼻弯向一侧
（潘耀谦等《猪病诊治彩色图谱》）

鼻甲骨萎缩与猪感染时的周龄、是否发生重复感染以及其他应激因素有非常密切的关系。如周龄越小，感染后出现鼻甲骨萎缩的可能性就越大越严重。一次感染后，若无发生新的重复或混合感染，萎缩的鼻甲骨可以再生。有的鼻炎延及筛骨板，则感染可经此而扩散至大脑，发生脑炎。此外，病猪常有肺炎发生，可能是因鼻甲骨结构和功能遭到破坏，异物或继发性细菌侵入肺部造成，也可能是主要病原直接引发肺炎的结果。因此，鼻甲骨的萎缩促进肺炎的发生，而肺炎又反过来加重鼻甲骨萎缩。

[病理变化]

病理变化一般局限于鼻腔和邻近组织，最特征的病理变化是鼻腔的软骨和鼻甲骨的软化和萎缩，特别是下鼻甲骨的下卷曲最为常见。另外也有萎缩限于筛骨和上鼻甲骨的。有的萎缩严重，甚至鼻甲骨消失，而只留下小块黏膜皱褶附在鼻腔的外侧壁上。

鼻腔常有大量的黏液脓性甚至干酪性渗出物，随病程长短和继发性感染的性质而异。急性时（早期）渗出物含有脱落的上皮碎屑。慢性时（后期），鼻黏膜一般苍白，轻度水肿。鼻窦黏膜中度充血，有时窦内充满黏液性分泌物。病理变化转移到筛骨时，当除去筛骨前面的骨性障碍后，可见大量黏液或脓性渗出物的集聚。

[诊断要点]

通常根据本病特定的临床症状和病理变化一般均可做出正确诊断，但在疾病的早期，其症状和病变均不典型时，则需实验室检查才能确诊。

1. 微生物学诊断 先把受检猪保定好，将其鼻盘部洗净擦干，并用70％酒精棉消毒，然后用灭菌的棉棒探进鼻腔的1/2深处轻轻转动数次，取出后立即放入含无菌 PBS 的试管内，尽快送实验室进行细菌分离培养，最后根据菌落形态、颜色、凝集反应与生化反应进行鉴定。

2. 血清学诊断 采集感染猪的血清做凝集反应。猪感染后2～4周，血清中即出现凝集抗体，至少维持 4 个月，但一般感染仔猪需在 12 周龄后才可检出。

3. 其他诊断方法 用荧光抗体技术和PCR技术也能确诊本病。

[防治技术]

1. 加强饲养管理 猪场应制定严格的科学管理制度。引进种猪时，要了解种猪场的疫情并对引进的种猪隔离观察 1 个月以上；产仔断奶和育肥各阶段应采用全进全出的饲养体制，尽量避免不同年龄的猪只混养；合理降低猪群的饲养密度，改善通风条件，减少病原体的传播机会，提高猪体的抵抗力；严格消毒制度，保持猪舍清洁、干燥，避免潮湿。

2. 积极预防接种 预防猪传染性萎缩性鼻炎最有效的方法是接种疫苗。中国农业科学院哈尔滨兽医研究所 20 世纪 90 年代初研制的支气管败血波氏杆菌和产毒素多杀巴氏杆菌二联油佐剂灭活疫苗，经多年实验证明安全、有效，在我国预防 AR 中发挥着巨大作用。妊娠母猪分娩前 20～40 天免疫一次，以保护出生后几周内的仔猪不受感染。仔猪免疫时应根据具体的情况而定。对于有母源性抗体的仔猪，可在 4 周龄和 8 周龄各免疫一次，对无母源抗体的仔猪可在 1 周龄、4 周龄和 8 周龄分别免疫一次。

猪场一旦发生本病，应根据本场的情况采取相应措施。若发病猪很少，可及时淘汰，根除传染源；若发病的猪只比较多，且已散播到全猪群，最好采取"全进全出"措施，将患病猪群的猪全部育肥后屠宰，经彻底消毒后，重新引进种猪；如不能做到全出，只有对全群的猪进行药物治疗和预防，连续喂药 5 周以上，以促进康复。另外，通过药敏试验选用敏感的抗生素进行注射或鼻腔内喷雾，也可较好地控制本病。

第十四节 猪 痢 疾

猪痢疾是由猪痢疾短螺旋体（*Brachyspira hyodysenteriae*）所引起的肠道传染病，以肠黏膜黏液性出血性腹泻为主要特征，传播缓慢，流行期长，一旦传入很难根除。不同年龄的猪均易感，但 5 月龄以内的仔猪尤最易感，尤其是 7～12 周龄的仔猪。该病在猪群内传播，具有高发病率、高致死率及传播途径多样等特点。该病治愈后也会严重影响猪生长发育，料肉比降低，会对养殖户带来重大经济损失。

［病原特征］

猪痢疾短螺旋体的菌体长 6～8.5 微米，宽 0.32～0.38 微米，有 4～6 个弯曲，呈舒展的螺旋状。该菌体有两套外周质鞭毛，分别位于菌体两端，提供强劲的螺旋动力，有助于其在黏稠食糜和黏液中穿行移动。新鲜病料在显微镜暗视野下可见到活泼的做蛇行运动或以长轴为中心旋转运动的菌体。

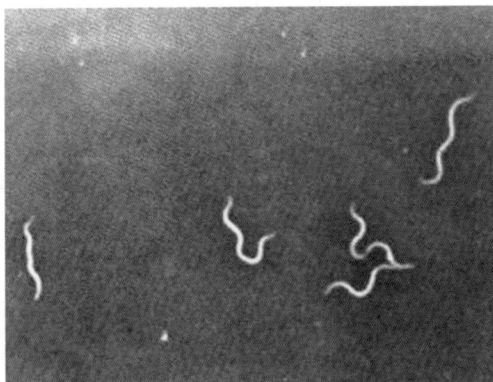

图 2-53　猪痢疾短螺旋体

（潘耀谦等《猪病诊治彩色图谱》）

猪痢疾短螺旋体环境适应性较强，虽然为厌氧细菌，但可耐受短时间暴露于氧气中，也可以在 25℃ 粪便内能存活 7 天，在 5℃ 粪便中存活 61 天，在 4℃ 土壤中存活 18 天，并可通过被污染的饮水、饲料、器械等直接或间接传播疫病。

体外敏感的抗生素包括大环内酯类，如泰乐菌素；林可胺类抗生素，如林可霉素；截短侧耳素类，如泰妙菌素；其他复合物类，如莫能菌素。治疗药物通常选择前三类。

猪痢疾短螺旋体为革兰氏阴性菌，苯胺着色良好，可以选择草酸铵结晶紫染色液或姬姆萨染色液染色。该菌需要在适宜的抗生素选择性分离培养基中进行分离和培养，否则其生长易被其他肠道厌氧菌抑制。在血琼脂培养基上呈薄雾状生长，并在生长区周边形成较强的 β - 溶血区。

对消毒药的抵抗力不强，一般的消毒药如过氧乙酸、来苏儿或氢氧化钠溶液均能将其迅速杀灭。

［发病特点］

任何品种、任何阶段的猪在任何季节都可以感染该病。通常具有 1～2 周的潜伏期，长时也能够达到 2 个多月，与内外环境、营养、药物、自身体质的改变及应激有密切的联系，也有可能继发于其他疾病。随猪群内个体以及不同猪群间的差异，该病一般逐渐蔓延传播，几乎每天都会出现新感染猪。感染后的猪病程长短不一，最急性感染的猪在几小时内即可死亡，甚至在无任何症状下突然死亡，而慢性型则可以持续数周直至衰竭性死亡。猪痢疾暴发后，断奶仔猪的发病率可达 90%，如果不进行及时有效的治疗和管理，死亡率可达 30% 以上，同时继发其他疾病，出现大量僵猪等。

［临床症状］

该病以肠黏膜黏液性出血性腹泻为主要特征症状。随病情发展猪表现为食欲减退，有时直肠温度上升至 40～40.5℃，排黄色至灰色软便或粥样粪便。当持续下痢时粪便中会混有血块和黏液性分泌物（图 2-54），会阴部被污染，整个圈舍散发特殊的恶臭。几天后，粪便颜色变为褐色，并混有黏液及纤维素样的坏死性伪膜。病猪逐步出现精神差、食欲废绝、弓腰、起卧不安、打堆、频频饮水、寒战、踢腹、大便失禁、脱水、瘦弱、极度衰弱、死亡。慢性型的猪反复下痢，时轻时重，排灰白色丝状黏液的稀粪（混有红色、暗红色或浓茶色血液）、眼结膜苍白、毛发粗糙无光、形体消瘦。

图 2-54　黏液性血便

（潘耀谦等《猪病诊治彩色图谱》）

[病理变化]

猪痢疾短螺旋体在大肠内大量增殖，并产生溶血素，引起肠系膜淋巴结肿大，肠壁充血、水肿、变薄，肠黏膜表面发生变性、皱褶消失、卡他性炎症。随病情发展，进一步导致黏膜上皮细胞分泌过多黏液，肠黏膜点状出血，大量纤维蛋白渗出，出现一层豆腐渣样伪膜，剥开伪膜可见肠黏膜糜烂。肠黏膜的损伤使得肠道吸收内源性内容物的能力下降，进一步导致结肠内容物质变软或呈水样，并最终引起严重腹泻。

猪痢疾最典型的症状为局限于大肠的弥散性黏膜出血性肠炎，病变区有时覆盖整个大肠（结肠、盲肠），有时仅感染某些肠段。肠腔内充满红色、暗红色或浓茶色的血液和黏液（图 2-55）。猪痢疾也有可能出现肝瘀血、胃底充血或针尖状出血，腹水，腹腔黄染等，肝、脾、心、肺肾无明显变化。

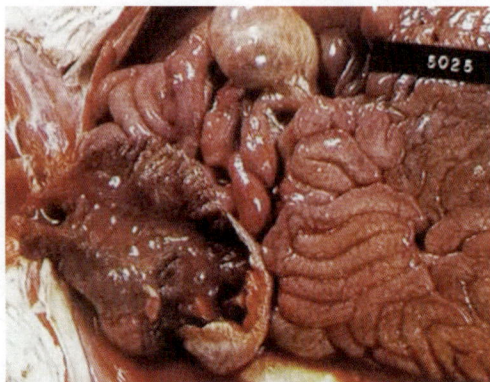

图 2-55　肠出血

（潘耀谦等《猪病诊治彩色图谱》）

［诊断要点］

首先，可以根据流行病学、临床症状和病理变化可作出初步判断。根据发病日龄和粪便颜色等病症可以排除仔猪白痢、红痢、黄痢。仔猪副伤寒急性型以败血症为主，仔猪副伤寒慢性型以坏死性肠炎为主，而且与猪痢疾不同的是仔猪副伤寒会导致肠道深层次溃疡性病变，同时造成实质性器官和淋巴结出血或坏死。而猪传染性肠胃炎一般在秋末、冬季、初春易发，传播速度快，会出现呕吐症状，排混有血液的水样稀粪。

其次，可以通过涂片、悬滴或压滴等方式来镜检大肠黏膜、肠内容物、粪便等，可以快速得到诊断。若每个视野可以观察到 3～5 条蛇形螺旋体即为阳性。为了提高检出率建议选择多个不同位置的样品，同时避免采集无任何症状以及药物治疗后的猪。

最后，还可以通过血清学检测、病原学检测或者通过细菌分离、培养、鉴定对该病予以确诊。

[防治技术]

药物治疗包括用药和管理两大块,两者息息相关缺一不可。药物治疗的方式可以选择饮水给药、拌料给药、注射给药,肠道给药等。治疗的方式需要根据种群数量、发病数量、病情情况、养殖场人员等情况来合理选择,例如集约化养殖的可以选择前两种方式,而散养户可以选择后两种方式。药物治疗可以选择林可霉素、泰妙菌素、杆菌肽、痢菌净等。有条件的养殖场和长期反复患病的场可以通过药敏试验来确定最适宜的抗生素,没有条件的可以选择交替用药。由于猪痢疾短螺旋体对多种药物都易产生耐药性,所以在临床上应避免长期低剂量使用同一种或同一类药品。

在管理方面应当做到提前预防、及时发现、及时隔离,分开饲喂,适当升高地面及环境温度,再对患病猪集中用药,久治不愈的猪立即淘汰等。由于持续有猪下痢加上猪的频频走动及饮水,圈舍会异常潮湿和污秽,这时应及时更换垫草或更换圈舍,注意通风等。

虽然药物治疗效果好,但是存在易反复、易耐药、成本高、费时费力等劣势,所以在生产过程中应该防大于治:

(1)减少各种应激。例如温度、湿度的陡变,随意转群、并圈,恶意驱赶、踢打,饲料结构突变,内外环境嘈杂等。

(2)减少各种应激产生的负面影响。例如长途运输前夜需要禁食,运输中需要避风和适当控温,到达后当天要禁食,适当保温,饮水保健;注射疫苗、药品时需要保定,并注意方式方法。

(3)坚决不从发病场引种或购买仔猪,引种前详细了解该场该批次猪用药、饲喂、生长等情况。

(4)营养结构合理。包括营养物质满足生长阶段和生产情况,饲喂时间、饲喂量、饲喂方式等合理,供水量、水压、水流、水嘴数量等合理。

（5）强化卫生和防疫。包括适时适度的粪便清理工作，合理的消毒制度，得当的内外环境控制，确保水源、饲料洁净无污染。

（6）老鼠、蚊蝇等是猪痢疾短螺旋体感染的一个重要宿主或传递者，因此要尽力消除。

（7）一旦发现陆续有猪拉稀，应及时隔离并对猪分类集中饲养及供药。

第十五节　仔猪梭菌性肠炎

仔猪梭菌性肠炎又称仔猪传染性坏死性肠炎，俗称"仔猪红痢"，是由 C 型产气荚膜梭菌（*Clostridium perfringens types C*）和/或 A 型产气荚膜梭菌（*Clostridium perfringens types A*）引起的 1 周龄仔猪高度致死性的肠毒血症。主要发生于 3 日龄以内的新生仔猪，以血性下痢，病程短，病死率高，小肠后段的弥漫性出血或坏死性变化为特性，在环境卫生条件不良的猪场发病较多，危害很大。本病呈世界性分布，各国均有报道，我国也时有发生。

［病原特性］

仔猪梭菌性肠炎的病原为 C 型和/或 A 型产气荚膜梭菌，亦称魏氏梭菌。本菌为革兰氏阳性、有荚膜、无鞭毛、不运动的厌氧性大杆菌，在不良的条件下可形成芽孢，在人工培养基中不容易形成芽孢。芽孢呈卵圆形，位于菌体中央或近端，芽孢多超过菌体宽度，故使菌体呈梭形而有"梭菌"之称。

一般根据病菌产生的毒素不同而将之分为 A、B、C、D 和 E 五个血清型。一般认为，C 型菌是导致 2 周龄内仔猪肠毒血症与坏死性肠炎的主要病原，而 A 型菌株则与哺乳猪及育肥猪肠道疾病有关，导致轻度的坏死性肠炎与绒毛退化。但越来越多的证据表明，A 型菌株也是仔猪梭菌性肠炎的主要病因。

A 型菌株产生的主要致死性毒素为 α 毒素，C 型菌株主要产生 α 毒素和 β 毒素，β 毒素是成为引起仔猪肠毒血症、坏死性肠炎的主要致病因子，但单独用 A 型菌株的 α 毒素或 C 型菌株的 β 毒素均不能复制典型病例。

魏氏梭菌对外环境的抵抗力并不强大，一般的消毒药在适当的浓度时均可将之杀灭。但它形成芽孢后，却有极强的抵抗力，80℃经 15~30 分钟、100℃经 5 分钟才能被杀死，冻干保存至少 10 年其毒力和抗原性不发生变化。

[发病特点]

仔猪梭菌性肠炎发生于 1 周龄左右的仔猪，以 1~3 日龄的新生仔猪最多见，偶可在 2~4 周龄及断奶猪中见到。带菌猪是本病的主要传染来源，消化道侵入是本病最常见的传播途径。

在同一猪群内各窝仔猪的发病率相差很大，最低的为 9%，最高的达 100%。病死率为 5%~59%，平均为 26%。无明显季节性，多呈散发流行，在同一猪场中，有些繁殖的母猪圈发生，而有的则不发生，这可能与母猪隐性带菌有关。

魏氏梭菌常存在于一部分母猪肠道中，病菌随粪便排出体外，直接污染哺乳母猪的乳头和垫料等，当初生仔猪吮吸母猪的奶或吞入污染物后，细菌进入空肠繁殖，侵入绒毛上皮，沿基膜繁殖增生，产生毒素，使受损组织充血、出血和坏死。

另外，魏氏梭菌广泛存在于人畜肠道、下水道及尘埃中，特别是本病流行地区的土壤中，猪圈中的地面、墙壁和用具都可能带有大量病菌，当饲养管理不良时，容易发生本病。猪场一旦发生本病不易清除，这给根除本病带来一定的困难。

仔猪梭菌性肠炎除猪和绵羊易感外，还可感染马、牛、鸡、兔等动物。

[临床症状]

仔猪梭菌性肠炎的病程长短差别很大，症状不尽相同，一般根据病程和症状不同而将之分为最急性型、急性型、亚急性型和慢性型。

1. 最急性型　多发生于1日龄的仔猪。发病快，病程短，通常于出生后1天内发病，症状多不明显或排血便，乳猪后躯或全身沾满血样粪便（图2-56）。病猪虚弱，委顿，拒食或尖叫，很快进入濒死状态，病猪常于发病的当天或第二天死亡。少数病猪尚无血痢便昏倒和死亡。

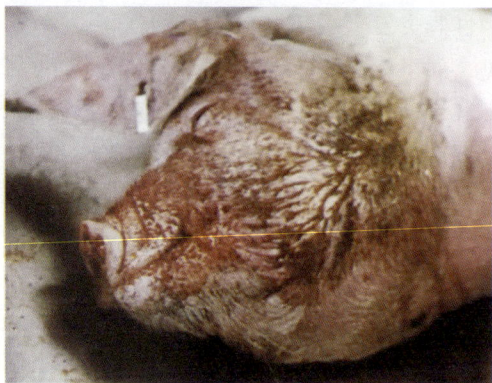

图 2-56　血样粪便污染
（潘耀谦等《猪病诊治彩色图谱》）

2. 急性型　最常见的病型，病猪出现较典型的腹泻症状。病猪胃肠胀气，腹围膨大，呼吸困难，在整个发病过程中大多排出含有灰色组织碎片的浅红褐色水样粪便，很快脱水和虚脱。病程多为两天，一般于发病后的第三天死亡。

3. 亚急性型　病初，病猪食欲减弱，精神沉郁，开始排黄色软粪；随后，病猪持续腹泻，粪便呈淘米水样，含有灰色坏死组织碎片；很快，病猪明显脱水，逐渐消瘦，衰竭，一般 5～7 天死亡。

4. 慢性型　病程较长，1 周以上，病猪呈间歇性或持续性腹泻，粪便呈黄灰色糊状，有时带有血液。病猪虽然仍有一定的食欲，但生长很缓慢，逐渐消瘦或生长停滞，最后死亡或被淘汰。

［病理变化］

C 型魏氏梭菌引起仔猪的出血性肠炎主要发生于小肠，以空肠的病变最重。大肠一般无变化。

病变特点为：最急性病例，临床上无明显的症状而突然死亡，死后有的病猪从口角流出血水样的分泌物，大部分病猪的腹部膨满，腹围增大。

剖检见：病猪消瘦、极度脱水，血液黏稠，皮下组织干燥。胃多呈空虚状态，胃黏膜肿胀，点状、片状或弥漫性出血，呈鲜红色或暗红色。肠系膜淋巴结肿大，质地柔软，多呈浆液性淋巴结炎的变化，肠内容物稀薄如水，肠黏膜肿胀，呈暗红色，表面散在大量出血点或呈弥漫性出血。病情严重时，部分小肠出血或全部小肠出血，呈紫红色，腹腔内有较多的红色腹水。急性病例的肠黏膜坏死变化最重，而出血较轻，肠黏膜覆有淡红黄色或污灰红色黏液；有的肠腔内有血染的坏死组织碎片并粘连于肠壁，肠绒毛脱落，形成一层坏死性假膜。部分肠段发生出血而呈暗红色，肠壁极薄，肠内充满大量淡红色稀薄的内容物，并含大量气体，常在肠系膜附着部发现大量气泡，发生肠气泡症（图 2-57），有的肠气泡症

图 2-57　肠气泡症
（潘耀谦等《猪病诊治彩色图谱》）

可达 40 厘米长。肝脏常肿大、黄染，切面上也出现大量气泡，发生肝气泡症，并易从中分离出魏氏梭菌。亚急性病例的肠壁变厚，容易破碎，坏死性假膜更为广泛。慢性病例，在肠黏膜可见一处或多处的坏死带。

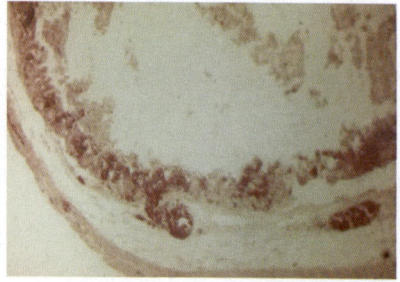

图 2-58 　肠黏膜坏死脱落，固有层和黏膜下层瘀血、出血和水肿
（潘耀谦等《猪病诊治彩色图谱》）

镜检见：肠黏膜的绒毛及上皮多坏死脱落，固有层和黏膜下层瘀血、出血和水肿（图 2-58），坏死可深达黏膜肌层以下，坏死组织内含有多量典型的病原菌。

［诊断要点］

根据临床症状和病理变化，结合流行病学，可做出初步诊断，进一步的确诊需靠实验室检查。查明病猪肠道是否存在 A 型或 C 型产气荚膜梭菌毒素对本病诊断有重要意义。

实验室检查常用方法是：对最急性病例，可采取小肠内血样液体或红色腹水，加等量生理盐水搅拌均匀后，3000 转/分钟离心 30~60 分钟，取上清液用细菌滤器过滤后，先给第一组小鼠静脉注射，每只 0.2~0.5 毫升，再将滤液与 A 型和/或 C 型产气荚膜梭菌抗毒素血清混合，作用 40 分钟后，给第二组小鼠注射。如果第一组小鼠迅速死亡，而第二组小鼠生活无恙，即可确诊为本病。对急性和亚急性病例，可采取坏死病变部的肠段，进行细菌分离培养和组织学检查。检测细菌毒素基因类型的 PCR 与多重 PCR 及毒素表型的 Western blot 等方法也可帮助诊断。

诊断本病时应与猪传染性胃肠炎、猪流行性腹泻、仔猪黄痢、仔猪白痢等鉴别。

[防治技术]

仔猪梭菌性肠炎发病急，病程短，且是毒血症经过，病情严重，常常来不及治疗，病猪已经死亡，因此，本病用药物治疗的治疗效果不佳。对于一些病程较长，抵抗力较强的仔猪，或同窝未出现明显症状的仔猪应立即内服磺胺类药物或抗生素，每天2～3次，有一定的紧急预防和治疗作用。发生脱水者，可腹腔注射5％的葡萄糖溶液或生理盐水，借以补充水分和能量。如有C型魏氏梭菌抗毒素血清时，及时用于病猪可获得较好的疗效。治疗方法是：抗毒素血清5～10毫升内服，每天1次，连用3天，若与青霉素等抗生素共同内服，效果更好。

仔猪梭菌性肠炎的治疗效果不好，主要依靠平时的预防。搞好猪舍和周围环境特别是产房的卫生消毒工作尤为重要，因此要加强对猪舍和环境的清洁卫生和消毒工作，产房和分娩母猪的乳房应于临产时彻底消毒。母猪分娩前一个月和半个月，肌内注射C型魏氏梭菌氢氧化铝苗或仔猪红痢干粉菌苗各1次，剂量为5～10毫升，以便使仔猪通过哺乳获得被动免疫，这是目前预防本病最有效的办法。如连续产仔，前1～2胎在分娩前已经两次注射过菌苗的猪，下次分娩前半个月再注1次，剂量3～5毫升。另外，仔猪出生后，如果立即注射抗猪红痢血清，每千克体重肌内注射3毫升，可获得更好的保护作用，但注射要早，否则结果不佳。由于已经证实，A型魏氏梭菌也是本病的主要病因，因此建议针对A型和C型均采取预防措施。

第十六节　猪增生性肠炎

猪增生性肠炎又称猪增生性肠病，是由专性胞内劳森菌（*Lawsonia intracellularis*）引起的猪顽固性或间歇性出血性下痢为特征的消化道疾病。本病是一种表现为急性和慢性等不同临床症状的症候群，多数病猪可出现（或不出现）临床症状，有时仅出现轻微腹泻，但有时也会引起持续性腹泻、严重的坏死性肠炎以及高死亡率的出血性肠炎等。初步估计全球大约有98%养猪场感染此病，其中在某些猪场断奶至育成之间的猪群30%检测到病变，引起显著的经济损失。

[病原特性]

猪增生性肠炎的病原是一种细胞内寄生的胞内劳森菌。菌体为多形态，主要呈弯曲形、S形或短杆状，大小为（1.25～1.75）微米×（0.25～0.34）微米。具有波状的3层外膜，大多无鞭毛，无运动能力，革兰氏阴性，抗酸，能被镀银染色法着色，改良Ziehl-Neelsen染色法染成红色。

目前，本菌还没有能够在无细胞的培养基中培养出，但可在多种易感的真核细胞系中生长，如Henle407、Hep-2、IEC-18、IPEC-J2等，于培养基内添加血液、血清，有利于初代培养。细菌微嗜氧，需氧8%。一般感染单层细胞不出现细胞病变，这和自然发病情况比较一致。

胞内劳森菌对干燥、阳光敏感，对一般的消毒剂有抵抗力，但对季铵盐和含碘消毒剂敏感。加热至58℃ 5分钟即死亡。在垫草、圈舍和土壤中于20～27℃可存活10天，在5℃环境中可存活1～2周，在-79℃冷冻的精液内仍可存活较长时间。本菌一旦被排放到环境中，能够长时间存活于猪只粪便中，从而造成猪场持续性感染。

[发病特点]

猪增生性肠炎呈全球性散发或流行，主要侵害猪，在仓鼠、雪貂、狐狸、大鼠、马鹿、鸵鸟、兔等动物也有感染报道。猪以白色品种猪，特别是长白、大白品种猪及白色品种猪杂交的商品猪易感性较强。在所有养猪地区及所有形式的猪场管理模式中，包括野外猪群，都经常发生本病。

各种年龄的猪对本病均有较强的感染性，但以 6～16 周龄生长育肥猪最易感，发病率为 5%～25%，偶尔高达 40%，病死率一般为 1%～10%，有时达 40%～50%。据临床和病理学观察，肠腺瘤病坏死性回肠炎和局部性回肠炎多发生于断乳后的仔猪，特别是 6～12 周龄的猪最常见；增生性出血性肠病多见于育肥猪，尤其是 16 周龄以上的架子猪多发。

病猪和带菌猪是本病的主要传染来源，尤其是无症状的成年带菌猪更是仔猪感染的危险的传染源。病猪主要是通过粪便排菌，感染猪的粪便带有坏死脱落的肠壁细胞，其中含有大量细菌，为猪场的主要传染源。感染后 7 天可从粪便中检出病菌。感染猪排菌时间不定，可持续排菌 4～10 周。同时也能通过其他分泌物排菌，经污染饲料、饮水和饲养用具等方式，由消化道而感染发病。鸟类、鼠类在该病的传播中也起着重要的作用。

通常，感染初期，出现临床症状的猪比较少，大多是无症状的带菌者，但当猪体的抵抗力因伤风、感冒、环境突变或环境卫生不良等应急因素而降低时，感染猪便会发病。此外，该病常可并发或继发猪痢疾、沙门菌病、结肠螺旋体病、鞭虫病等，从而加剧病情。

[临床症状]

1. 急性型　多发生于 4～12 月龄猪，如繁殖小母猪，临床表现为急性出血性贫血。病猪突然严重腹泻，初期排出黑色柏油状粪便，后期粪便转为黄色稀粪或血样粪便，贫血严重，可视黏膜苍白，约有半数的感染猪死亡。有的猪没有出现粪便异常便死亡，仅表现为皮肤苍白。怀孕母猪可流产，一些残留下来的猪可能丧失繁殖能力。

急性感染母猪产下的仔猪不能获得对猪增生性肠炎的保护。

2. 慢性型 为猪增生性肠炎最常见病例，多发于 6～20 周龄猪。临床症状有多种表现，有的猪表现为一定程度的厌食；有的猪对食物有特别的好奇心，但吃几口就走；还有的则拒绝进食。温和性病例多不发热，呈轻度、非特异性腹泻。同一栏中不时出现间歇性下痢，排出灰绿色疏松、稀薄直至水样粪便，有时混有血液或坏死组织屑片。严重病例会发展成坏死性肠炎，表现为体重下降且经常持久性腹泻。感染猪体况下降，消化不良，消瘦，背毛粗乱，弓背弯腰，有的站立不稳，病猪生长发育受阻形成石头猪。病程长者可出现皮肤苍白，有的母猪出现发情延后现象。该病死亡率不超过 5％～10％，无并发症的猪增生性肠炎，4～6 周开始恢复，但平均日增重和饲料转化率明显降低，造成严重经济损失。

3. 亚临诊型 感染猪无明显的临诊症状，也可能发生轻微下痢但常不易引起注意，忽视治疗，但生长速度和饲料转化率下降，平均减缓育肥猪日增重 24％，对饲料利用率可降低 17％～40％，出栏时间延长 14 天以上，进而增加饲养成本。

［病理变化］

急性病例中，感染猪的肠壁增厚、肿胀（图 2-59），并有一定程度的浆膜水肿。回肠和结肠肠腔中常含有血块。直肠中可能含有由血液和消化产物混合而成的黑色柏油状粪便。感染肠道隐窝和腺上皮细胞增生并充满炎性细胞，导致隐窝脓肿，其内堆积了含大量胞内劳森氏菌的血细胞碎片。

慢性猪增生性肠炎的猪最常见

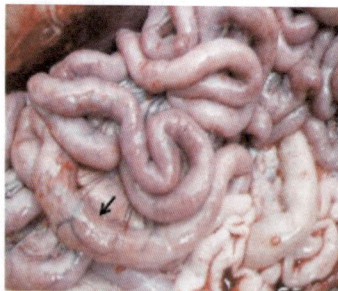

图 2-59 肠壁增厚、肿胀
（范克伟等《猪胞内劳森菌人工
感染小鼠动物模型的建立》）

病变部位在小肠、结肠、盲肠下半部，病变部位肠壁增厚、肿胀，肠管直径增大，有的整个肠管增厚、变硬，似橡皮管（图 2-60）。回肠病变尤为明显，回肠黏膜增厚，形成脑回样皱褶（图 2-61），肠腔内充血或出血并充满黏液和胆汁，有时可见血凝块。在发生坏死性回肠炎的病例中回肠黏膜发生凝固性坏死并伴发肠腺上皮细胞的增生，在空肠-回肠黏膜上常黏附黄灰色奶酪状团块。浆膜下和肠系膜水肿，肠系膜淋巴结肿大，颜色变浅，切面多汁。组织学观察可见肠黏膜上皮细胞增生，其上排列不成熟的柱状上皮细胞。肠绒毛扩张并有大量的巨噬细胞和中性粒细胞浸润，而黏膜的杯状细胞却呈中等程度的广泛性丢失。电镜观察可见大量的胞内菌位于感染的上皮细胞顶端胞浆中。在恢复期，细菌呈凝结状并随退化的细胞排入肠道或被固有层的巨噬细胞吞噬。

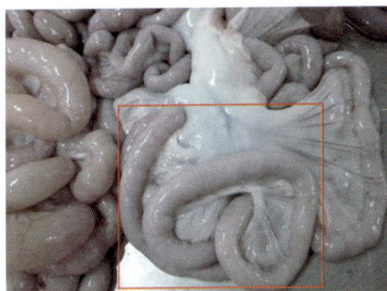

图 2-60　肠管增厚、变硬，似橡皮管
（勃林格殷格翰动物保健殷华平供图）

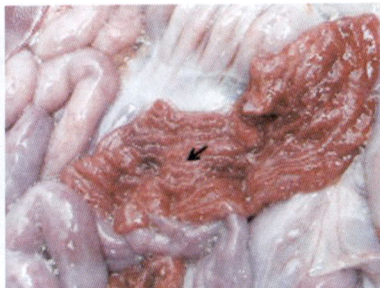

图 2-61　回肠黏膜增厚，
有脑回样病变
（范克伟等《猪胞内劳森菌人工感染
小鼠动物模型的建立》）

[诊断要点]

　　可根据组织学观察到的黏膜隐窝增生和炎症反应的特点进行确诊。采用 Warthin-Starry 镀银染色可在切片中检出特异性的胞内菌也可确诊，用吉姆萨染色或姜-尼氏染色可对黏膜涂片检查以证实胞内菌的存在。

病原分离可确诊，但粪便中的杂菌较多，且本菌很难人工培养，常使本菌的检查受到影响。近年来，已研制出具有高度选择性的培养基，如 Campy-BAP 血琼脂和 Skirrow 等，使本菌的分离检出率大幅提高。

由于胞内劳森菌普遍存在于正常猪群中，对粪便进行 PCR 检测或对临床表现正常的猪进行抗体检测，临床意义不大。利用PCR 检测时应对病变组织处病原体进行检测。

同时应特别注意本病与猪沙门菌病、猪痢疾、猪冠状病毒病、轮状病毒病、圆环病毒病等引起的肠道传染病进行鉴别诊断。

［防治技术］

猪增生性肠炎宜从饲养管理、生物安全及抗生素治疗等多方面入手进行综合性防控。

1. 综合性措施 改善猪场的饲养管理条件和执行严格的生物安全措施能有效控制猪增生性肠炎。对猪群实行全进全出饲养管理，新引进生猪实施隔离。尽量减少应激反应，提高猪体抵抗力。制定严格的消毒、卫生等生物安全措施，通过严格清洁猪圈中栏杆、设施、靴子及设备上的全部粪便，严格控制昆虫和鼠类，严格消毒能够显著地降低猪增生性肠炎的发生率。

2. 药物防治 多种药物对于预防和治疗猪增生性肠炎有效。大环内酯类和截短侧耳素是最为有效的抗生素。首选的药物是泰妙菌素 120 毫克/千克或泰乐菌素 100 毫克/千克（均以体重计），可通过水溶液或添加到饲料中内服，也可肌内注射，对感染猪和接触猪进行连续治疗 14 天可有效控制本病。目前已知对该病无效的抗生素有青霉素、杆菌肽、氨基糖苷类（如新霉素、维吉尼霉素）。

3. 疫苗免疫 免疫接种是控制该病的有效方法。特别是在引入新猪群前，应对母猪和公猪提前免疫。国外已有商品化猪增生性肠炎弱毒疫苗，具有较好的免疫效果，有助于发生猪增生性肠炎的猪场减少使用抗生素，并有效控制该病。

第十七节　猪钩端螺旋体病

钩端螺旋体病是由致病性钩端螺旋体引起的一种人兽共患和自然疫源性传染病。本病的临诊症状表现形式多样，一般呈隐性感染，也时有暴发。急性病例以发热、血红蛋白尿、贫血、水肿、流产、黄疸、出血性素质、皮肤和黏膜坏死为特征。本病呈世界性分布，在热带、亚热带地区多发。我国许多省份都有该病的发生和流行，长江流域和南方各地发病较多。

[病原特性]

钩端螺旋体病的病原属于细螺旋体属（*Leptospira*），对人、畜和野生动物都有致病性。钩端螺旋体血清群和血清型众多，目前已发现致病性钩端螺旋体 25 个血清群，超过 190 个血清型。引起猪钩端螺旋体病的血清群（型）有波摩那群、致热群、秋季热群、黄疸出血群，其中以波摩那群最为常见。

钩端螺旋体呈细长丝状（图 2-62），长度在 6～20 微米，存在规则而紧密的螺旋，一般具有 12～18 个螺旋，两端有钩，可呈现活跃的旋转式运动，且其穿透力较强。钩端螺旋体可由外膜、轴丝及菌体构成。菌体使用普通

图 2-62　钩端螺旋体（电镜）

（《Leptospira: the dawn of the molecular genetics era for an emerging zoonotic pathogen》）

染料染色较难被着色，一般吉姆萨染色呈淡紫红色，革兰氏染色呈阴性。该菌在含兔血清的培养基内接种，置于有氧、温度为 28～30℃以及 pH 7.2 下能够生长，但比较缓慢，一般需要 1 周左右。接种于敏感豚鼠等动物后，能够明显使分离的阳性率提高。钩端螺旋体不耐寒冷及干燥，对消毒剂非常敏感，大多数消毒剂都能够使其失活。常用漂白粉对污染水源进行消毒。

[发病特点]

各年龄猪均可感染，仔猪发病严重，中、大猪一般病情较轻，母猪不发病。传染源主要是发病猪和带菌猪，钩端螺旋体可随带菌猪和发病猪的尿、乳和唾液等排于体外污染环境，与人接触的机会最多，猪的排毒量大，排毒期长，对公共卫生造成威胁。鼠类和蛙类也是很重要的传染源它们都是该菌的自然贮存宿主。吸血昆虫叮咬、人工授精以及交配等均可传播本病。该病的发生没有季节性，但在夏、秋多雨季节为流行高峰期。本病常呈散发或地方性流行。

[临床症状]

在临诊上，猪钩端螺旋体病可分为急性型、亚急性型和慢性型。

1. 急性型　多见于仔猪，呈暴发或散发流行，潜伏期 12 周，表现为突然发病，体温升高至 40～41℃，稽留 3～5 天，病猪精神沉郁厌食，腹泻，皮肤干燥，全身皮肤和黏膜黄疸，后肢出现神经性无力，震颤。有的病例出现血红蛋白尿，尿液色如浓茶。粪便呈绿色，有恶臭味，病程长可见血粪。死亡率可达 50% 以上。

2. 亚急性和慢性型　主要以损害生殖系统为特征。病初体温有不同程度升高，眼结膜潮红、浮肿，有的泛黄（图 2-63），有的下颌、头部、颈部和全身水肿。母猪一般无明显的临诊症状，有时可表现出发热、无乳。但妊娠不足 4 周的母猪，感染后 4～7 天可发生流产，流产率可达 20%～70%，怀孕后期的母猪感染后可产弱仔，常在 1～2 天死亡。

[病理变化]

病死猪耳部、腹下以及四肢下部存在瘀血斑或者发绀，皮下组织黄染。脑脊髓膜充血、出血，胸腔及心包内积聚稍微浑浊的黄色液体，病程持续长时会沉着有少量的纤维素。肺脏水肿、瘀血，表面分布有针头大小的白色坏死点以及出血斑，切面有大量混杂少量气泡的液体流出，部分发生纤维素性肺炎病变。肝脏呈土黄色（图 2-64），肿胀，质地变脆，胆囊也有所肿胀。膀胱含有血尿，肾脏轻度肿胀，表面变得凹凸不平，并存在白色的小斑点或者小结节。胃底部出血，回盲瓣周围出现点状浅层溃疡。淋巴结肿胀，切面呈灰白色髓样，其中下颌淋巴结、肺门淋巴结、肛门淋巴结肿胀成核桃样，并存在不同大小的坏死灶。有些病猪的肛门淋巴结、胃小弯上部出现胶样浸润。

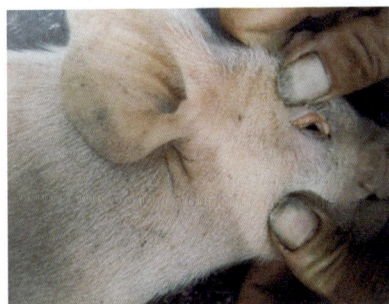

图 2-63　眼结膜水肿、黄染
（潘耀谦等《猪病诊治彩色图谱》）

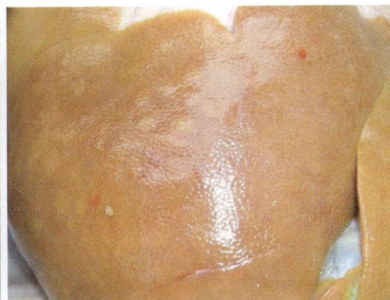

图 2-64　肝脏黄染
（四川省动物疫病预防控制中心供图）

[诊断要点]

1. 直接镜检　取发病早期体温升高病猪的新鲜血液或发病后

期病猪的尿液作为病料检查。对于病死猪或扑杀猪，要求在死后 3 小时内取肝脏和肾脏进行检查，不然长时间后由于生长腐败菌会导致钩端螺旋体发生溶解而很难检出。采取病料制成液滴压片标本，在暗视野显微镜下进行观察，也可将病料直接制成抹片或集菌后取沉淀物进行涂片、染色、镜检。

2. 分离培养 病料接种于 8‰ 兔血清磷酸盐培养基或柯索夫培养基进行培养观察，且每 5～7 天进行 1 次液滴压片，置于暗视野显微镜下观察菌体生长情况，至少连续进行 1 个月的观察，有时发现在 30～60 天才会生长病菌。

3. 动物试验 病料腹腔接种给 3 月龄仓鼠或豚鼠，每天观察并测量体温，如果体温升高，被毛松乱，食欲不振，体重下降，活动缓慢，天然孔出血，黄疸，则表明发病。也可扑杀濒死期动物，观察病变情况，并取肝脏、肾脏进行细菌检查。

4. 血清学检测 有多种方法，不仅可用于该病诊断，还可用于菌型鉴定以及检疫，如补体结合试验、凝集溶解试验、间接血凝试验、炭凝集试验以及酶联免疫吸附试验等。

5. 分子生物学检测 可采用 PCR 或荧光 PCR 检测血液中的钩端螺旋体，提取血液总 DNA，用特异性引物、荧光探针对钩端螺旋体基因组 DNA 进行检测。

[防治技术]

1. 预防措施 对本病应采取综合性的防治措施。

（1）加强猪群饲养管理。科学选择饲料，做好温湿度控制和通风，减少应激因素，注意防鼠、灭虫。

（2）建立科学的卫生消毒制度。设置消毒池、消毒通道，防止外疫传入，保持猪舍的清洁，粪便及时清扫，定期消毒，定期驱虫，减少猪群的感染机会，降低猪群的感染率。

（3）控制好血液途径的传播。如开展注射疫苗、断尾、打耳号、去势等工作时，应注意器具的消毒和更换。

2. 治疗　链霉素、磺胺类药物对本病有良好治疗效果。病猪症状严重时，可在使用抗菌药的同时静脉注射葡萄糖，并配合使用强心利尿剂及维生素 C。如果持续高热，要肌内注射解热剂。

第十八节　猪布鲁氏菌病

猪布鲁氏菌病是由布鲁氏菌（*Brucella*）引起的人畜共患的慢性传染病，也称猪布氏杆菌病、猪布病。特征是侵害生殖系统，母猪发生流产和不孕，公猪引起睾丸炎、腱鞘炎和关节炎。在家畜中，也可引起牛、羊发病，对人表现为发热、多汗、关节痛、神经痛及肝、脾肿大。

猪布鲁氏菌病分布广泛，世界各地均有流行。人类与病畜或带菌动物及流产物接触，食用未经消毒的病畜肉、乳及乳制品，均可导致感染。因此，本病具有重要的公共卫生意义。

［病原特性］

布鲁氏菌，也称布氏杆菌，分羊型、牛型和猪型，猪对猪型最易感染，对羊型也可感染，对牛型一般不感染。已知猪布鲁氏菌主要有 4 个生物型，但各型在形态上并无太大差异。它们都是细小的球杆菌或短杆菌，无鞭毛不能运动，不形成芽孢和荚膜，革兰氏染色呈阴性。该菌具有极强的侵袭力和扩散力，不仅可通过破损的皮肤、黏膜侵入机体，还可通过正常的皮肤和黏膜侵入机体。

布鲁氏菌为细胞内寄生菌，对环境的抵抗力比较强，在土壤、水内和皮毛上能生存较长时间，阳光直射 0.5～4 小时、室温干燥 5 天、干燥的土壤 37 天、50～55℃ 60 分钟、60℃ 30 分钟、70℃ 10 分钟可将其杀死，在冷暗处及胎儿体内能保存 6 个月。本菌对消毒药抵抗力不强，如3％漂白粉、10％生石灰乳、2％烧碱液、2％福尔马林、1％来苏儿等在15分钟内可将其杀死。

[发病特点]

猪不分品种和年龄对布鲁氏菌都有易感性，以生殖期的猪发病较多，吮乳猪和小猪感染后均无临床症状。病猪和带菌猪是本病的主要传染源，病原体不定期地随病猪的乳汁、精液、脓汁，特别是从病母猪的阴道分泌物、流产胎儿和羊水中排出体外。而被污染的饲料、饮水、猪舍和用具等则是扩大再传染的主要媒介。病原体可通过消化道、生殖道及正常或破损的皮肤与黏膜感染猪只，还可通过胎盘感染胎儿，也可经配种、损伤的皮肤和吸血昆虫的叮咬而感染。大部分感染猪可以自行恢复，仅少数猪成为永久性的传染源。

猪型对人有感染性，人在缺乏消毒和防护措施的情况下进行接产、护理病猪，最易造成感染。具有全身感染和处于菌血症期的病猪，其肉和内脏均含有大量的病原菌，加工不当食用后可使人感染。

[临床症状]

感染猪大部分呈隐性经过，少数猪呈现典型症状，表现为流产（图2-65），不孕，睾丸炎，后肢麻痹及跛行，短暂发热或无热，很少发生死亡。母猪流产可发生于任何孕期，由于猪各个胎儿的胎衣互不相连，胎衣和胎儿受侵害的程度及时期并不相同，因此，流产胎儿可能只有一部分死亡，而且死亡时间也不同。在怀孕后期（接近预产期）流产时，所产的仔猪可能有完全健康者，也有虚弱者和不同时期死亡者，而且阴道常流出黏性红色分泌物，经8～10天虽可自愈，但排菌时间却较长，需经30天以上才能停止。正常分娩或早产时，可产下弱仔、死胎或木乃伊胎，乳猪和断奶仔猪可出现后躯麻痹、脊柱炎、关节炎和滑液囊炎。种公猪表现为睾丸炎，可单侧亦可双侧发病，发病睾丸肿大、疼痛，有时可波及附睾及尿道。病情严重时，有的病猪睾丸极度肿大（图 2-66），状如肿瘤，而无病侧的睾丸则萎缩，并依附于肿大的睾丸上。随着病情的延长，愈后可出现睾丸萎缩，甚至阳痿，失去配种能力。

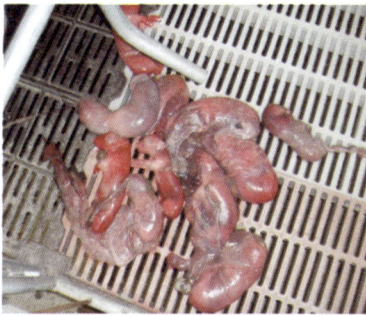

图 2-65　母猪流产
（四川省动物疫病预防控制中心供图）

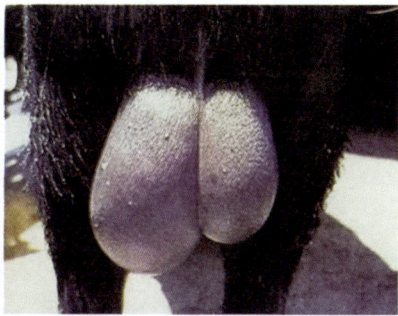

图 2-66　公猪睾丸肿大
（潘耀谦等《猪病诊治彩色图谱》）

[病理变化]

猪的病理变化除各器官出现或多或少的结节外，母猪主要的病变见于流产后的子宫、胎膜和胎儿，公猪的主要病变发生于睾丸。一些病猪还可出现化脓性关节炎、滑液囊炎及腱鞘炎，从而导致猪出现运动障碍。

流产母猪的病变：子宫的主要病变是在绒毛叶阜间隙有污灰色或黄色无气味的胶样渗出物，子宫黏膜的脓肿呈粟粒状，帽针头大，呈灰黄色，位于黏膜深部，并向表面隆突，称此为子宫粟粒性病。胎膜由于水肿而增厚，表面覆盖有纤维蛋白和脓汁。胎儿通常因感染而死亡，多呈败血症变化，主要病变为：浆膜与黏膜有出血点与出血斑，皮下组织发生炎性水肿。脾脏明显肿大，出血，呈现出败血性脾炎变化。淋巴结肿大，肝脏出现小坏死灶，脐带也常呈现炎性水肿变化。

公猪的病变：常见的病变是睾丸受侵，大部分患病公猪有睾丸病变。病初，睾丸肿大，出现化脓性或坏死性炎症；后期病灶可发生钙化，睾丸继发萎缩，使生殖能力消失。切开睾丸，肿大的睾丸多呈灰白色，有大量的结缔组织增生，在增生组织中常见出血及坏死灶；而萎缩的睾丸多发生出血和坏死，睾丸的实质明显减少。除睾丸外，附睾、精囊、前列腺和尿道球腺等均可发生相同性质的炎症。

［诊断要点］

猪布鲁氏菌病的临床症状和病理变化均无明显特征，同时隐性感染动物较多，诊断本病时应以实验室检查为依据，结合流行情况、临床症状和病理变化进行综合诊断。

常用的实验室检查有虎红平板凝集反应、试管凝集反应、补体结合试验、皮肤变态反应试验、细菌分离鉴定、PCR 方法等。诊断的关键是检出病原体或特异性抗体。

［防治技术］

猪布鲁氏菌病一般不治疗，重点在预防，一旦发现阳性猪群应及时淘汰并进行无害化处理。因此，严格的消毒制度、良好卫生的饲养环境、有效的生物安全措施、及时开展实验室检测是预防猪只发病和保护从业人员安全的关键。

1. 常规预防　在未感染猪群中，控制本病传入的最好方法是自繁自养。饲养商品猪应采取全进全出的措施，引进前应对猪群采样进行实验室检测，并对圈舍彻底消毒，出售后也要对圈舍彻底清洁和消毒，每天消毒一次持续一周。消毒前应先对外部环境（如排污渠、淤泥、库房等）和圈舍内部（如垫料、粪便、污渍、铁锈、蛛网、饲料残渣、墙角等）进行彻底清洁。必须引进种猪时，要严格执行检疫，即将引进的猪只隔离饲养两个月，同时进行病的检查，两次检查全为阴性者，才能与原有的猪群接触，进行正常条件下的饲养，种猪在配种前还要检疫 1 次，检测为阳性者禁止配种，以防隐性感染种猪对猪群的持续行传染。同时应定期开展实验室检测，一旦发现病猪或疑似阳性猪，应立刻坚决予以淘汰。

2. 紧急预防　由于可引发猪只流产的病原体较多，当猪群中发现流产时，应及时采样送检，确诊病因。同时隔离病猪，将胎儿、胎衣和阴道分泌物等可能携带病原体的组织进行无害化处理，对环境及病猪使用过的器具、垫料等进行彻底清洁消毒（常用3%～5%来苏儿消毒）。如确诊为本病，应立即隔离同群猪，并对每只猪采样检测（可采用琥红平板凝集试验），检出的阳性猪一律淘汰。凝集反应阴性猪须隔离饲养，间隔 3 周后再进行采样检测，淘汰阳性猪，直至无阳性猪出现。最好全群淘汰，经彻底清洁消毒后，重新建立猪群。

在疫区消灭本病的基本原则：检疫、隔离、控制传染源、切断传播途径、培养健康猪群、定期检测和免疫接种。

第十九节　猪衣原体病

猪衣原体病是由鹦鹉热衣原体（*Chlamydophila psittaci*）引起的一种慢性接触性传染病，可感染人和鸟类（禽类），传播范围广，世界各国均有发生。衣原体感染猪只时常因菌株毒力、猪只性别、年龄、生理状况、饲养管理、外部环境的不同而表现出不同的症状，常见症状有妊娠母猪流产、死产和产弱仔，新生仔猪肺炎、肠炎、胸膜炎、心包炎、关节炎、种公猪睾丸炎等。人发生感染时通常表现为高热、恶寒、头痛肌痛、咳嗽和肺部浸润性病变等特征，类似于感冒，多数患者都出现肺炎。

[病原特性]

衣原体是一类具有滤过性、严格细胞内寄生，介于细菌和病毒之间，类似于立克次氏体的微生物，呈球状，大小为 0.2～1.5 微米，革兰氏染色阴性。不能在人工培养基上生长，只能在活细胞浆内繁殖，依赖于宿主细胞的代谢，可在鸡胚、部分细胞单层及小鼠等实验动物中生长繁殖。较重要的衣原体有 4 种，即沙眼衣原体、鹦鹉热衣原体、肺炎衣原体和牛羊衣原体。其中，鹦鹉热亲衣原体在兽医上有较重要的意义，可致畜禽肺炎、关节炎等多种疾病，引起动物流产，是猪衣原体病的病原。鹦鹉热亲衣原体的致病力可分为强毒力菌株和弱毒力菌株两大类，强毒力菌株可使动物发生急性致死性疾病，导致重要器官发生广泛充血和炎症；弱毒力菌株引起疾病的临诊症状不明显。鹦鹉热衣原体对温度的抵抗力较强，在 100℃ 15 秒、70℃ 5 分钟、56℃ 25 分钟、37℃ 7 天、室温下 10 天可以失活。紫外线、γ-射线对衣原体有很强的杀灭作用，2％的来苏儿、0.1％的福尔马林、2％的苛性钠或苛性钾、1％盐酸及 75％酒精溶液可用于衣原体消毒。鹦鹉热衣原体对四环素族、泰乐菌素、强力霉素、红霉素、螺旋霉素等较为敏感，但对庆大霉素、卡那霉素、新霉素、链霉素、磺胺嘧啶钠等不敏感。

[发病特点]

不同品种及年龄的猪群都可感染，但以妊娠母猪和幼龄仔猪最易感，病猪和隐性带菌猪是本病的主要传染源。几乎所有的鸟类、羊、牛和啮齿动物等都可能携带病原菌并成为猪感染衣原体的疫源。本病感染途径较多，可通过粪便、尿、乳汁、流产胎儿、胎衣、羊水排出等污染水源和饲料，并经消化道感染；亦可由飞沫和污染的尘埃经呼吸道感染，还可通过病猪与健康猪交配或病公猪精液人工授精经生殖道感染，或由蝇、蟬等虫媒传播感染。

猪衣原体病无明显的季节性，常呈地方流行性。可因引入病猪后暴发本病，康复猪可长期带菌。饲养密度过高、卫生条件差、通风不好、营养不良、长期运输等应激因素可诱发本病。

[临床症状]

猪衣原体病的潜伏期长短不一，短则几天，长则可达数周乃至数月。多数猪感染后表现为隐性经过。怀孕母猪感染后引起早产、死胎、流产、胎衣不下、不孕症及产下弱仔或木乃伊胎。初产母猪发病率高达 40%～90%，早产多发生在临产前几周，妊娠中期的母猪也可发生流产。母猪流产前一般无任何表现，体温正常，产出的仔猪部分或全部死亡，活仔多体弱、拱奶无力，多数在出生后数小时，或 1～2 天死亡。公猪生殖系统感染，可出现睾丸炎、附睾炎、尿道炎、龟头炎、龟头包皮炎及附属腺体炎等生殖道疾病，有时伴有慢性肺炎。仔猪还会表现出肠炎、多发性关节炎、结膜炎，断奶前后常患支气管炎、胸膜炎和心包炎，临床出现为体温升高、食欲废绝、精神沉郁、咳嗽、喘气、腹泻、跛行、关节肿大等症状，有的可出现神经症状。

[病理变化]

鹦鹉热衣原体可引起猪多个组织器官发生病变，单一感染情况较为少见，常与其他疾病发生并发感染，因而病理变化也较为复杂。

1. 流产型　母猪子宫内膜出血、水肿，并伴有 1～1.5 厘米的坏死灶，流产胎衣水肿、出血，流产胎儿和死亡的新生仔猪的头、胸及肩胛等部位皮下结缔组织水肿，有的呈现凝胶样浸润。颈、背、四肢皮下瘀血、出血，腹腔内有多量红色积液，肝、脾瘀血、肿胀。心脏和肺脏常有浆膜下点状出血，肺常有卡他性炎症。患病公猪睾丸颜色和硬度发生变化，腹股沟淋巴结肿大 1.5～2 倍，输精管有出血性炎症，尿道上皮脱落、坏死。

2. 关节炎型 关节肿大，关节周围充血和水肿，关节腔内充满纤维素性渗出液，用针刺时流出灰黄色浑浊液体，混杂有灰黄色絮片。

3. 支气管肺炎型 表现为肺水肿，表面有大量的小出血点和出血斑，肺门周围有分散的小黑红色斑，尖叶和心叶呈灰色，坚实僵硬，肺泡膨胀不全，并有大量渗出液，中性粒细胞淋漫性浸润。纵隔淋巴结水肿，支气管淋巴结肿大，细支气管有大量出血点，有时有坏死灶。

4. 肠炎型 多见于流产胎儿和新生仔猪，胃肠道有急性局灶性卡他性炎症及回肠的出血性变化。肠黏膜发炎而潮红，小肠和结膜浆膜面有灰白色浆液性纤维素性覆盖物，肠系膜淋巴结肿胀。脾脏有出血点，轻度肿大。肝质脆，表面有灰白色斑点。

［诊断要点］

临床诊断时，必须考虑到引起肺炎、支气管炎、多发性关节炎、肠炎、怀孕后期流产、死胎或木乃伊胎，以及公猪睾丸炎的可能病因。根据本病的流行病学、临床症状和病理变化等可做出初步诊断，但确诊需要进行实验室检测。

1. 细菌学诊断 可采取病死猪的肝脏、脾脏、肺脏、排泄物、关节液、或流产胎儿、胎盘组织等病变组织涂片，采用姬姆萨染色或荧光抗体染色，能见到肝、脾、肺上有稀疏的衣原体。膀胱和胎盘涂片有时可见到大量衣原体及包涵体。病料经无菌处理后可接种鸡胚或小鼠，剖检可观察到特征性的病理变化。

2. 血清学试验 血清学试验有补体结合反应、血凝抑制试验（HI）、团集补体吸收试验、毛细血管凝集试验、琼脂凝胶沉淀试验、间接血凝试验、免疫荧光及免疫酶试验、免疫酶联染色法、Dot-ELISA、衣原体单克隆抗体等。

3. 鉴别诊断　发生流产及肺炎时应与引起繁殖障碍或呼吸道的疫病如猪瘟、猪繁殖与呼吸综合征、流行性乙型脑炎、猪细小病毒感染、猪伪狂犬病、猪流感、猪布鲁氏菌病、钩端螺旋体病、弓形虫病、附红细胞体病等病进行鉴别诊断，还应注意与因饲养管理不良和营养缺乏引起的非传染性繁殖障碍进行鉴别；发生肠炎时应与大肠杆菌病、传染性胃肠炎、轮状病毒等腹泻病进行鉴别；发生关节炎时，应与猪丹毒丝菌、猪链球菌、副猪嗜血杆菌等病进行鉴别。

［防治技术］

由于鹦鹉热衣原体拥有广泛宿主，采用密闭饲养系统可有效防止其他动物（如猫、野鼠、狗、野鸟、家禽、牛、羊等）携带的病原体感染猪群，放养的猪群要做好疫苗免疫和环境消毒。

（1）引种前严格检疫，以实验室检测结果为依据，不引进阳性猪。

（2）已发病猪要隔离饲养，避免感染健康猪群。未发病的猪应用猪衣原体灭活苗紧急免疫接种。控制养殖场内猫狗的移动，防止猫狗成为传染源和传播途径。

（3）对流产胎儿、死胎、胎衣及其他可能携带病原体的病料要进行无害化处理。

（4）做好消毒灭源、灭鼠灭虫工作。大门通道、产房、圈舍、场区等易携带病原体的环境（如排污渠、淤泥、野鸟粪便及尸体、老鼠粪便及尸体、垫料、粪便、污渍、铁锈、蛛网、饲料残渣、墙角等）消毒前应先进行彻底清洁，再用2％～5％来苏儿或2％苛性钠等有效消毒剂进行严格消毒，每天1次，连续消毒7天，以有效控制发生衣原体接触传染。

（5）阳性猪场要给能繁母猪在配种前注射猪衣原体流产灭活苗以防感染，对确诊感染了衣原体的种公猪和母猪予以淘汰，其所产仔猪不能作为种用。未感染的种公猪和母猪应及时接种衣原体疫苗。

（6）药物预防和治疗可选用药敏试验筛选的敏感药物，如用强力霉素、青霉素、红霉素、麦迪霉素、金霉素、泰乐菌素、螺旋霉素等进行猪衣原体进行预防和治疗。为了防止出现抗药性，要合理交替用药。

参 考 文 献

蔡树东，成大荣，朱善元，等.2017.大肠埃希菌 ETT2 毒力岛 ECs3703 基因
　　和 HPI 毒力岛 irp2 基因双重 LAMP 检测方法的建立［J］.动物医学进展.
　　38（01）：1-5.

蔡旭旺，金梅林，胡军勇，等.2006.副猪嗜血杆菌抗体间接血凝检测方法的
　　建议与应用［J］.中国兽医科学（9）：713-718.

陈弟诗，郭万柱，陈杨，等.2010.猪沙门氏菌病与猪肉食品安全［J］.猪业
　　科学.2010（2）：80.

陈焕春，文心田，董常生.2013.兽医手册［M］.北京：中国农业出版社.

陈溥言.2006.兽医传染病学（第 5 版）［M］.北京：中国农业出版社.

程晋霞，曾静，张西萌，等.2015.海产品中霍乱弧菌免疫磁分离和环介导等
　　温扩增快速检测方法的建立［J］.中国食品学报.15（2）：168-173.

范克伟，杨守深，戴爱玲，等.2016.猪胞内劳森菌人工感染小鼠动物模型的
　　建立［J］.中国兽医科学.46（03）：303-309.

冯丽芳，李永彬.2013.规模化猪场细菌病难以控制的原因及对策［J］.猪病
　　防控.2013（12）：50-51.

付书林.2013.副猪嗜血杆菌重要免疫原性相关蛋白发掘及 GAPDH 免疫调节
　　机理研究［J］.华中农业大学.

甘孟侯，杨汉春.2005.中国猪病学［M］.北京：中国农业出版社.

高云飞，苏亚君，李宝臣，等.2001.猪链球菌活疫苗的研制［J］.中国预防
　　兽医学报（3）：228-231.

何启盖.2018.我国生猪主要细菌性疾病的流行现状及防控策略［J］.北方牧
　　业 15.

侯魁，丁轲，刘守业，等.2017.副猪嗜血杆菌环介导等温扩增快速检测方法
　　的建立［J］.河南科技大学学报.38（6）：59-62.

胡永献.2012.猪细菌性免疫抑制病的流行特点及防控措施［J］.养殖与饲

料.31：39-41.

黄茂侠.2011.抗菌肽对预防断奶仔猪腹泻和呼吸道疾病的作用［J］.中国畜禽种业（6）：72-74.

黄木家，刘文娟，李永新.2011.抗菌肽制剂替代血浆蛋白粉对断奶仔猪生长性能及健康状况的影响［J］.中国饲料（3）：43-44.

姜万峰.2012.养猪场猪主要细菌病的流行状况［J］.养殖技术顾问.6：147.

姜应元.2013.中药方剂治疗猪支原体肺炎的效果观察［J］.北京农业（A9）.

李国旺，苗志国，陈俊杰.2011.6种中药对猪伤寒杆菌的体外抑菌试验［J］.贵州农业科学（1）：184-185.

李国旺，赵恒章，苗志国.2011.中药方剂治疗猪支原体肺炎的效果［J］.贵州农业科学（2）：169-170.

李倩茹，胡霏，杨悦熙，等.2018.基于荧光微球的免疫层析法结合免疫磁珠分离技术快速定量检测鼠伤寒沙门氏菌［J］.现代食品科技.34（3）：196-202.

李建军，胡明明，朱晓凯，等.2012.副猪嗜血杆菌血清5型TbpA蛋白的表达及其免疫原性分析［J］.中国预防兽医学报（3）：238-240.

李莉，殷中琼，贾仁勇，等.2014.16种中药提取物对副猪嗜血杆菌的体外抗菌活性分析［J］.中国兽医学报（8）：1324-1327.

李鑫，谭志坚，符德文，等.2012.溶菌酶对断奶仔猪生长性能和血液生化指标的影响［J］.养猪（6）：9-12.

李志鹏.2014.中药肠炎康治疗猪大肠杆菌病的效果试验［J］.中国畜牧兽医文摘（7）：194.

梁玉璟.2013.中草药白龙散预防八眉猪仔猪黄、白痢的试验［J］.山东畜牧兽医（10）：22-23.

林树乾，杨少华，张维军，等.2006.金黄色葡萄球菌荚膜多糖的制备及生物学特性［J］.家畜生态学报（6）：153-155.

刘春喜，贾昌泽，陈斌，等.2008.猪细菌病诊断识别与综合防治（Ⅰ）［J］.农技服务.25（10）：94-98.

刘丽娜，胡福全，朱军民，等.2008.猪链球菌2型疫苗候选分子FBP的表达及免疫学活性研究［J］.免疫学杂志（2）：173-177.

刘思远，刘文青，赵宝华．2014. 我国猪主要细菌病的危害及防治研究进展
　　[J]. 畜牧与饲料科学．35（11）：113-116.

刘亚娟，聂福平，杨俊，等．2016. 猪传染性胸膜肺炎放线杆菌 LAMP 方法
　　的建立 [J]. 中国兽医学报．36（2）：200-205.

刘亚娟，聂福平，张超，等．2015. 沙门氏菌夹心 DNA 杂交检测方法的建立
　　[J]. 中国兽医科学．45（12）：1260-1265.

陆承平，吴宗福．2015. 猪链球菌病 [M]. 北京：中国农业出版社．

陆承平．2001. 兽医微生物学（第三版）[M]. 北京：中国农业出版社．

逯忠新，赵萍，柳纪省，等．2002. 猪传染性胸膜肺炎的流行和防治 [J]. 中
　　国兽医杂志（3）：28.

马有智，戴贤君，李肖梁，等．2005. 表达猪链球菌溶血素基因的减毒沙门氏
　　菌的构建及鉴定 [J]. 中国兽医学报（5）：478-480.

孟庆友．2013. 猪副伤寒的中药疗法 [J]. 山东畜牧兽医（6）：33-34.

潘耀谦，刘兴友，潘博．2016. 猪病诊治彩色图谱（第 3 版）[M]. 北京：中
　　国农业出版社．

邵春荣，包承玉，孙有平，等．1996. 溶菌酶制剂对控制仔猪腹泻的效果[J].
　　江苏农业科学（3）：61-62.

盛圆贤，赵德明．2009. 猪传染性猪萎缩性鼻炎的研究进展 [J]. 中国预防兽
　　医学报．31（4）：329-332.

宋晓言，赵晴，田立杰，等．2014.30 味中药提取物与环丙沙星对猪源链球菌
　　体外抑菌作用研究 [J]. 中国兽药杂志（3）：62-65.

苏丹萍，王文豪，章胜，等．2012. 副猪嗜血杆菌弱毒疫苗的研制 [J]. 中国
　　畜牧兽医（11）：169-173.

唐超．2014. 符合中药代替抗生素治疗猪气喘病的临床应用研究 [J]. 当代畜
　　禽养殖业（12）：11.

万遂如．2011. 规模化猪场主要细菌性疾病流行状况与防控技术 [J]. 养猪．
　　6：105-110.

王洪光，汤德元，曾智勇，等．2014. 规模化猪场主要细菌性疫病的流行病学
　　调查 [J]. 畜牧与兽医．46（9）：98-101.

王俊丽，张要齐，孙雪峰，等．2013. 中药复方对猪大肠杆菌的体外抑菌活性
　　研究 [J]. 中国医学杂志（1）：6-8.

王学成 . 2017. 分析猪细菌性免疫抑制病的流行特点并探讨相应预防控制措施 [J]. 畜禽防治 . 12：31.

王泽洲，龚文波 . 2016. 主要猪病防治技术 [M]. 北京：中国农业出版社 .

王泽州，王琴，赵启祖，等 . 2018. 猪瘟抗体镧系荧光免疫层析法的建立[J]. 四川畜牧兽医 . 45（6）：26-28.

王泽洲，余勇，程江，等 . 2006. 四川猪链球菌病流行病学调查 [J]. 中国兽医科学（6）：502-506.

王泽洲 . 2009. 农家常见猪病防治 [M]. 成都：四川科学技术出版社 .

王瑞娜，周前进，陈炯，等 . 2014. 环介导等温扩增联合横向流动试纸条快速检测单核细胞增生李斯特菌的研究 [J]. 中国兽医学报 . 34（10）：1615-1621.

吴静波，南文金，黄健强，等 . 2018. 猪链球菌通用型和 2 型双重荧光定量 PCR 快速检测技术的建立和应用 [J]. 畜牧兽医学报 . 49（2）：368-377.

吴傲，张丽 . 质谱技术在病原微生物诊断中的应用 [J]. 2016. 中国人兽共患病学报 . 32（9）：838-841.

谢海伟，代建国，金刚，等 . 2008. 鲎素抗菌肽对仔猪腹泻致病菌细胞形态学的影响 [J]. 黑龙江畜牧兽医（6）：87-88.

谢勇，龚燕锋，周南进，等 . 2007. 以壳聚糖为佐剂的 Hp 疫苗诱导的体液免疫应答及其免疫保护效益 [J]. 中国病理生理杂志（3）：438-443.

姚焱彬，汪宗梅，殷一凡，等 . 2018. 猪丹毒丝菌 SYBR Green Ⅰ荧光定量 PCR 检测方法的建立和评价 [J]. 中国预防兽医学报 . 40（03）：215-219.

杨茂生，徐景峨，杨莉，等 . 2012. 副猪嗜血杆菌中草药防制方剂的配制及其毒性药敏试验 [J]. 养猪（3）：107-109.

战晓微，傅俊范，郑秋月，等 . 2011. 沙门氏菌 MALDI-TOF-MS 检测方法的建立 [J]. 现代食品科技 . 27（05）：595-597.

张衫衫，焦波 . 2017. 畜禽养殖场用药现状及误区分析 [J]. 湖北畜牧兽医 . 38（6）：43-44.

张蓉蓉，梁望旺，何启盖，等 . 2008. 免疫磁珠技术分离猪胸膜肺炎放线杆菌 [J]. 畜牧兽医学报 . 39（3）：343-348.

赵恒章，余燕，李国旺，等 . 2008. 兔巴氏杆菌蜂胶疫苗的制备及免疫效果 [J]. 中国草食动物（6）：49-50.

郑富荣，严隽端，陈毓璋，等 . 1992. 猪丹毒豚鼠系弱毒疫苗对猪口服免疫的研究——G370 菌株口服免疫试验 [J]. 中国兽医科技（10）.

Andes D，Craig W，Nielsen L A，et al. 2009. In *vivo* pharmacodynamic characterization of a novel plectasin antibiotic，NZ2114，in a murine infection model. Antimicrobial Agents and Chemotherapy. 53（7）：3003-3009.

Bei W，He Q，Zhou R，et al. 2007. Evaluation of immunogenicity and protective efficacy of *Actinobacillus pleuropneumoniae* HB04C-mutant lacking a drug resistance marker in the pigs [J]. Vet Microbiol. 126（1/2）：120-127.

Gwaltney SM，Willard LH，Oberst RD. 1993. In situ hybridizations of Eperythrozoon suis visualized by electron microscopy. Vet Microbiol. 36（1-2）：99-112.

Hur J，Stein BD，Lee JH. 2003. A vaccine candidate for post-weaning diarrhea in swine constructed against *Salmonella enteric* serovar typhimurium on the bacterial load in suckling piglets [J]. Veterinary. 196（1）：114-115.

Jeffrey J. Zimmerman et al. 主编，赵德明等主译 . 2014. 猪病学（第 10 版）[M]. 北京：中国农业大学出版社 .

Ko AI，Goarant C，Picardeau M. 2009. Leptospira：the dawn of the molecular genetics era for an emerging zoonotic pathogen [J]. Nat Rev Microbiol. 7（10）：736-747.

Lee S H，Lee S，Chae C，et al. 2014. A recombinant chimera comprising the R1 and R2 repeat regions of *M. hypneumoniae* P97 and the N-terminal region of *A. pleuropneumoniae* ApxⅢ elicits immune responses [J]. BMC Vet Res. 10（1）：43.

Liao C W，Chiou H Y，Yeh K S，et al. 2003. Oral immunization using formalin-inactivated actinobacilllus pleuropneumoniae dispersion polymers prepared using a co-spray drying process [J]. Prev Vet Med. 61（1）：1-15.

Liao C，Cheng I C，Yeh K S，et al. 2001. Releasecharacteristics of microspheres prepared by co-spray drying actinobacillus pleuropneumoniae antigens and aqueous ethyl-cellulose dispersion [J]. J. Microencapsul. 18（3）：285-297.

Okamba F R，Arella M，Music N，et al. 2010. Potential use of a recombinant replication-defective adenovirus vector carrying the C-terminal portion of the

P97 adhesion as a vaccine against *Mycoplasma hypneumoniae* in swine [J]. Vaccine. 28 (30): 4802-4809.

Ravan H. 2012. Development and evaluation of a loop-mediated isothermal amplification method in conjunction with an enzyme-linked immunosorbent assay for specific detection of Salmonella serogroup D [J]. Analytica Chimica Acta. 733 (13): 64-70.

Shin S, Bae J L, Cho Y W, et al. 2005. Induction of antigen-specific immune responses by oral vaccination with saccharomyces cerevisiae expressing *actinobacillus pleuropneumoniae* ApxⅢA [J]. FEMS Immunol Med Microbio. 43 (2): 155-164.

Villarreal I, Maes D, Vranckx K, et al. 2011. Effect of vaccination of pigs against experimental infection with high and low virulence *Mycoplasma hyopneumoniae* strains [J]. Vaccine. 29 (9): 1731-1735.

Wisselink H J, Vecht U, Stockhofe-Zurwieden N, et al. 2001. Protection of pigs against challenge with *Streptococcus suis* serotype 2 strains by a muramidase-released protein and extracellular factor vaccine [J]. Vet Rec. 148 (15): 473-477.